曆數在爾躬：劉歆歲曆問題研究

張書豪 著

臺灣 學生書局 印行

陳 序

　　中國古代以農立國,根據《書經》的紀載,儘管早在堯舜的時代,已設有羲和之官,觀象授時,顧炎武仍然在《日知錄》中說:「三代以上,人人皆知天文。」似乎在靠天吃飯,天人關係密切的時代裡,「天文」不是渺遠、神秘、難以知曉的存在。

　　下迨兩漢,隨著龐大久安帝國的建立,人事事務日益龐雜,天人關係益愈繁瑣,觀天象以訂曆算的知識學問也日益精密,《左》、《國》、《史》、《漢》中相關的記載益加紛繁。原本舉頭可望,「人人皆知」的天文、星曆,遂變得渺遠、神秘、繁複而難以知解。舉凡人事一時所無法遽知的事物或數目,概稱之曰「天文」。古中國學術文化中,尤其是漢代,最具特色的天文、星曆、觀象、授時之學,遂成為充滿神秘、玄遠、難以知曉的部分,學者大多望之卻步。

　　書豪教授治學一如其為人,誠篤悃實,樸茂渾厚,大別於時下諸多青年之慣循常步、畏艱遠難;他治學只問當不當,不問難不難。昔時博士論文以《西漢郊廟禮制與儒學》為題,相商於予,余固奇其不畏繁瑣,不循同儕故跡之自我堅持;此次

又自嘲「文王囚羑里而演《周易》」，自己「家裡蹲而推歲曆」，將常人視為繁瑣艱難的「歲曆」，玩於股掌之間。令人不免又一次為之拍案：大丈夫當如是！有為者亦若是！

　　本書以史上第一位提出「超辰」概念的劉歆「歲曆」為核心議題，西漢歲曆推算原理為研究基礎，逐一驗算〈世經〉的歲曆紀錄，比對其與《史記》相應段落，考其異同，進而深入檢索《春秋》、《左》、《國》歲曆紀錄所存在的問題，以及武王伐紂相關天象記載之可信度。文中，不憚其煩地表列對照各曆之異同，包括《漢書‧天文志》、《淮南子‧天文》的「星法」、〈石氏〉與〈歲術〉「隔次」、「同次」的星法對照等等，並以「僖公五年」為《春秋》歲曆的定位點；以「昭公九年」的記載，指出劉歆「歲曆」的矛盾，最終對武王伐紂的歲曆記載更做了持平的論衡。

　　像書豪教授這樣的治學，將常人視為艱難畏途的天文、曆算，上窮碧落，加減乘除地，欣樂梳理，走出自己的研究坦途，恐非只是個性勤勉厚實而已，明晰、聰慧的資質，或許正是勤勉務實個性背後更大的動因，因樂為之序。

陳麗桂 序於 2024/7/6

莊　序

　　曆法是觀測日月星辰運行所得到的紀錄年、月、日、時、節氣、朔望、旬周等的紀時系統。古時稱之為觀象授時，顯示天文和曆法密切相關，相輔相成，帶動了歷史文化的發展，所以被稱為科學之祖，文化之母。由於推算不夠精密，從古六曆之後，歷代常有改曆，總數超過百種以上。所謂歲曆，是根據木星（又稱為歲星）的運行制定的紀年系統，並非一般完整的曆法，而是曆法的一小部分。其起源是由於春秋時代，諸侯林立，各國採用王公在位紀年法，例如魯隱公元年相當於周平王四十九年、齊釐公九年、晉鄂侯二年、秦文公四十四年、楚武王十九年，彼此互不相謀，很難相通。有人發現木星大約十二年一周天，亮度高、在夜空的時間又長，如果將星空十二等分，稱之為十二次，木星每年由西向東行走一次，稱之為歲在鶉火、歲在豕韋之類，那不就可以成為最自然的一種紀年資料了嗎？這種資料，首先見於《左傳》與《國語》，可惜的是木星在星空是每 11.8586 年就繞行一圈，所以長期觀測下來，就會發現木星每年都會比一個次超出 0.3542 度，累積 85.7 年就會超過一次，稱之為超辰或跳辰（十二次可配子、丑、寅、卯

等十二辰,故有此名)。天象與曆法不能密合,因此不久之後,就廢止不用,而產生了太歲紀年法、干支紀年法。但因為五星行度是曆法重要的一環,也是占星的重要根據,所以天文曆法學家還是經常會去推算木星的行度。在曆法學上第一個提出歲星超辰周期的是劉歆的《三統曆》(見於《漢書·律曆志》),他認為木星每144年超辰一次,這個數據是根據《周易·繫辭傳》、《尚書·洪範》的天地之數和五行計算出來,而不是根據實際觀測,當然不夠精密。到了南北朝時,祖沖之《大明曆·曆議》主張「歲星行天七匝,輒超一位」,唐一行《大衍曆》也說木星每 84 年超辰一次,才較接近真值。從古以來,經常有人討論這個複雜的問題,但如此書《曆數在爾躬:劉歆歲曆問題研究》之詳細深入者則未之曾見。

　　了解上述的研究背景之後,就知道無論是文史學者,或科技學者,研究劉歆歲曆這個議題,都各有其優勢與困難。因為歲曆的文本與相關文獻散見於古籍,要蒐集與整理這些材料並非易事;另一方面,歲曆涉及天文曆法的推算與解釋,也不是一般學者所能勝任的。但作者顯然是下了不少功夫,所以能發揮其優勢,克服種種困難,得到優良的成績。

　　劉歆歲曆的文本《三統曆》,是根據《太初曆》補充修改寫的,早已亡佚,幸而《漢書·律曆志》用了一卷多的篇幅詳加介紹,所以成為世傳最早而較完整的曆書。《三統曆》中有〈紀母〉,講推算五星的立法原則;有〈歲術〉,推算歲星的

位置來紀年；有〈五步〉，實測五星來驗證立法的正確性；有〈世經〉，歸納古史重大事件的年代。除了這個文本之外，漢代還有《漢書・天文志》、《史記・天官書》、帛書《五星占》、《淮南子・天文篇》，先秦也有《石氏》、《甘氏》，都與《三統曆》密切相關，而各有異同。作者都詳加比較，得出〈歲術〉同次新法與《石氏》隔次舊法，作為全書的理論基礎。到了第三章以後，正式驗算各種歲曆資料，更需要大量的四部要籍、清代以來論著、天文曆法、甚至地下出土文獻，例如錢大昕《十駕齋養新錄》、王引之《經義述聞》、孫星衍《問字堂集》、錢穆《兩漢經學今古文平議》、陳遵媯《中國天文學史》、新城新藏《東洋天文學史研究》、黃一農《社會天文學十講》、陳厚耀《春秋長曆》、飯島忠夫《支那曆法起源考》、張培瑜等《中國古代曆法》、馮時《中國天文考古學》、劉樂賢《馬王堆天文書考釋》、陳久金《帛書及古典天文史料注析與研究》、江曉原《回天——武王伐紂與天文歷史年代學》等。資料相當豐富，不下數百種，單篇論文猶不在其內，都整理得井然有條，適當引用，故寫來左右逢源，理據俱足。

　　劉歆《三統曆》首先提出歲星每 144 年超辰一次，但與現代實測，差距極大，足見劉歆之說不可信，這是對天文曆法略有涉獵的學者，普遍周知的。但作者本著實事求是、追根究柢的精神，去探討這個問題。他由《三統曆・世經》入手，依照

問題的導向，進一步去驗算《史記》、《春秋》的歲曆，找到《春秋》歲曆的定位點——僖公五年，也發現劉歆歲曆的矛盾在昭公九年，最後斷定所有古籍中關於商周時期的歲曆材料，全都不具備斷定武王伐紂年代的證據效力。這個驗算的過程，涉及天文、曆法與年代學，相當專業而複雜，但作者不畏艱難，運用現代天文曆法知識，以電子計算機為工具，輔以星象軟體、《三千五百年曆日天象》、斷代工程等資料，終於完成此一難能可貴的任務，其細心與耐心、毅力與恆心，是值得欽佩的。

　　正因為曆算之學繁雜而枯燥，故從古以來專家學者為數不多，入阮元《疇人傳》者不過 243 人，附西洋 37 人，羅士琳續編以下亦僅 617 人而已。近代科技發達，但以此名家者仍寥若晨星，就八十年來臺灣而言，卓然有成者僅有高平子、程發軔、魯實先、陳廖安等教授，屈指可數。魯先生指導賴明德、王甦、黎建寰、蔡信發、田博元、杜松柏等教授分別撰寫歷代朔閏考，作為學位論文，合而觀之，誠為一大工程，但厥後各自另求發展，並未續就曆學有所著力，幸有再傳弟子陳廖安教授孜孜矻矻，能得其真傳而發揚光大之。張書豪教授專攻陰陽五行，著有《西漢郊廟禮制與儒學》、《漢書五行志疏證》等書，〈五行志〉介於哲學、科學與神秘文化之間，以曾論及《左傳》歲星超辰之事，張教授遂發憤進而研究《漢書‧曆志》中的歲星超辰問題，其研究成果斐然可觀，不僅可供古代

科技史研究之參考，亦有助於研讀相關典籍之佐證，及探討古史年代學的省思。唯現代科技發展，日新月異，本書的研究成果是否能成為定論，抑或大醇小疵，猶可補苴，則非區區所能預卜了。書名《曆數在爾躬》出自《論語·堯曰篇》，是帝堯命舜之辭，足見上自施政牧民，下至生活起居，皆與天文曆法息息相關。希望張教授能繼續努力，在天文曆法方面有更多的貢獻，這應該是大家所樂見的。

莊雅州序於臺北
113 年 6 月 30 日

VIII 曆數在爾躬：劉歆歲曆問題研究

曆數在爾躬：劉歆歲曆問題研究

目　次

陳　序……………………………………陳麗桂　I
莊　序……………………………………莊雅州　III
一、前言……………………………………………　1
二、西漢歲曆的推算原理…………………………　7
三、〈世經〉歲曆驗算…………………………… 33
四、歲曆記事與《史記》………………………… 53
五、春秋歲曆的定位點：僖公五年……………… 73
六、劉歆歲曆的矛盾：昭公九年…………………101
七、武王伐紂歲曆論衡……………………………117
八、結語……………………………………………145
九、附錄……………………………………………149
徵引書目……………………………………………153
後　記………………………………………………161

圖表目次

圖 1：本書研究思路示意圖……………………………………	5
圖 2：僖公五年十月丙子朔辰時上陽東方天象……………	80
圖 3：僖公五年十月丙子朔辰時上陽南方天象……………	81
圖 4：僖公五年十月丙子朔午時上陽南方天象……………	82
圖 5：僖公五年十月丙子朔卯時上陽南方天象……………	86
圖 6：僖公五年十月丙子朔卯時絳城南方天象……………	88

表 1：《史記・天官書》、《漢書・天文志》、〈歲術〉星法對照表……………………………………	12
表 2：《淮南子・天文》星法表……………………………	22
表 3：歲星與日「隔次」、「同次」星法對照表…………	30
表 4：〈世經〉春秋到秦代超辰表…………………………	44
表 5：〈世經〉春秋到西漢歲星與日相對位置表…………	49
表 6：《左傳》、《國語》春秋歲曆紀年表………………	60
表 7：杜註《左傳》「火」星名表…………………………	83
表 8：重耳出奔大事表………………………………………	89
表 9：〈世經〉朝代德運表…………………………………	139
表 10：十二消息卦表………………………………………	151

一、前言

　　本書所謂「歲曆」，是指中國古代根據歲星公轉周期制定的紀年法。[1]由於歲星大約 12 年運行一周天，於是將周天分成 12 區塊，古人或劃分二十八星宿，或等分周天距度並以星次命名。歲星每年運行一星次，12 年周而復始，以此紀歲，此即「歲星紀年法」。[2]當代天文學精確計算，歲星實際運行是 11.86 年一周天，較 12 年一周天快 0.14 年，故每 85.7 年，歲

---

[1] 《說文解字·止部》：「歲，木星也。越歷二十八宿，宣徧陰陽，十二月一次。」段玉裁注：「此二句謂十二歲而周十二次也。」見漢·許慎撰，清·段玉裁注：圈點段注《說文解字》（臺北：書銘出版事業有限公司，1997），卷 3，頁 69。

[2] 《史記·天官書》：「歲星出，……歲行三十度十六分度之七，率日行十二分度之一，十二歲而周天。」《淮南子·天文》稱歲星「日行十二分度之一，歲行三十度十六分度之七，十二歲而周。」馬王堆帛書《五星占》：「日行廿分，十二日而行一度。」見漢·司馬遷撰，南朝宋·裴駰集解，唐·司馬貞索隱、張守節正義：《史記》（北京：中華書局，1997），卷 27，頁 1313。劉文典：《淮南鴻烈集解》（北京：中華書局，1997），上冊，卷 3，頁 90。劉樂賢：《馬王堆天文書考釋》（廣州：中山大學出版社，2004），頁 33。

星實際所在位置將比 12 年為周期的十二星次提前一次，稱為「超次」或「超辰」。[3]

歷史上第一位提出超辰概念者，是為西漢劉歆。《漢書·律曆志上》言：「至孝成世，劉向總六曆，列是非，作《五紀論》。向子歆究其微眇，作《三統曆》及《譜》以說《春秋》，推法密要，故述焉。」顏師古曰：「自此以下，皆班氏所述劉歆之說也。」[4]《漢書·律曆志下》中，〈歲術〉記錄劉歆《三統曆》歲曆的推算方法，其《譜》則見於〈世經〉。

---

[3] 歲星運行一周天，新城新藏與陳遵媯都說是 11.86 年，但分別以為每 86 年（同書另處亦可見作 83、82.6 年者）、83 年超辰一次。參見新城新藏撰，沈璿譯：《東洋天文學史研究》（上海：中華學藝社，1933），頁 16-17、387、391。陳遵媯：《中國天文學史》（上海：上海人民出版社，2006），中冊，頁 977-978。陳侃理以為「皆因軌道周期取值有精粗，原理和計算方法沒有不同。」見陳侃理：〈秦漢的歲星與歲陰〉，北京大學歷史學系、北京大學中國古代史研究中心編：《祝總斌先生九十華誕頌壽論文集》（北京：中華書局，2020），頁 50-83。其實 12－11.86＝0.14，0.14×85.7＝11.998，積年最接近 12 年。

[4] 漢·班固撰，唐·顏師古注：《漢書》（北京：中華書局，1997），卷 21 上，〈律曆志上〉，頁 979。可知《漢書·律曆志下》的〈歲術〉、〈世經〉均是劉歆所作。惟〈世經〉紀年至東漢光武帝中元二年（57）崩逝，晚於新莽地皇四年（23）劉歆自盡。劉歆之後，當是後學所補。劉坦以為這部分當是班固續纂而成。見劉坦：《中國古代之星歲紀年》（北京：科學出版社，1957），頁 125。

然而,〈歲術〉論歲星超辰周期云:「以百四十四為法」,[5]〈世經〉亦言:「(昭公)三十二年,歲在星紀,距辛亥百四十五歲,盈一次矣。」[6]此乃由「僖公五年正月辛亥朔旦冬至」,[7]經僖公其後的 28 年、文公 18 年、宣公 18 年、成公 18 年、襄公 31 年,到昭公的 31 年,總共 144 年,於是在第 145 年的昭公三十二年(510B.C.),歲星從原本應當在「析木」的星次,超至「星紀」,故曰「盈一次矣」。對比當代天文學的 85.7 年,劉歆每 144 年一超辰,誤差高達 58.3 年,已非古今觀測技術或工具的落差可以解釋。這到底是實測記錄,抑或是推算而得?若是推算,其方法與動機又是如何?箇中問題及意義,值得深入探究。

進而觀之,《後漢書‧律曆志中》記尚書令忠上奏曰:「及向子歆欲以合《春秋》,橫斷年數,損夏益周,考之表

---

[5] 漢‧班固撰,唐‧顏師古注:《漢書》卷 21 下,〈律曆志下〉,頁 1004。

[6] 漢‧班固撰,唐‧顏師古注:《漢書》卷 21 下,〈律曆志下〉,頁 1021。

[7] 漢‧班固撰,唐‧顏師古注:《漢書》卷 21 下,〈律曆志下〉,頁 1019。本書徵引《漢書‧律曆志》、〈五行志〉,若遇避諱或通假,如「莊」作「嚴」、「閔」作「愍」、「僖」作「釐」者,逕據《春秋》修正,不另說明。

紀，差謬數百。」[8]嚴辭批判；而尚書侍郎邊韶卻言：「其後劉歆研機極深，驗之《春秋》，參以《易》道，……百四十四歲一超次，與天相應，少有闕謬。」[9]盛贊其術。同一套歲曆居然得到如此兩極化的評價，究竟孰是孰非？其曆能否「驗之《春秋》」，同時「與天相應」？亦即如何貫聯起經學與天文學兩大領域？著實耐人尋味。

事實上，歷代研究劉歆《三統曆譜》者，汗牛充棟、不勝枚舉。然而，前賢大都對其朔閏、月相、歲曆、星象等，進行綜合考察；非古代天文曆法專家，難以窺其堂奧。在天文學與經學之間，或據《春秋》等經典指正劉歆曆法舛謬，[10]或從三統術即太初術反證劉歆竄亂《左傳》說法之無據，[11]或參考〈世經〉以推武王克商時日等等。[12]各種研究取向錯綜複雜，

---

[8] 南朝宋・范曄撰，唐・李賢注：《後漢書》（北京：中華書局，1997），卷92，頁3035。

[9] 南朝宋・范曄撰，唐・李賢注：《後漢書》，卷92，頁3035。

[10] 詳見魯實先：《劉歆三統曆譜證舛》（臺北：國家長期發展科學委員會，1965），頁1-13。

[11] 詳見郜積意：《兩漢經學的曆術背景》（北京：北京大學出版社，2013），頁89-143。

[12] 詳見夏商周斷代工程專家組：《夏商周斷代工程1996-2000年階段成果報告・簡本》（北京：世界圖書出版公司，2001），頁45-46。夏商周斷代工程專家組：《夏商周斷代工程報告》（北京：科學出版社，2022），頁163-166。

隨著學者關注角度的差異，即便是面對相同材料，亦論述出不同意義的成果。有鑑於是，本書嘗試另闢蹊徑，企圖化繁作簡，將目光聚焦在劉歆歲曆的問題上，進而提出以下研究思路：

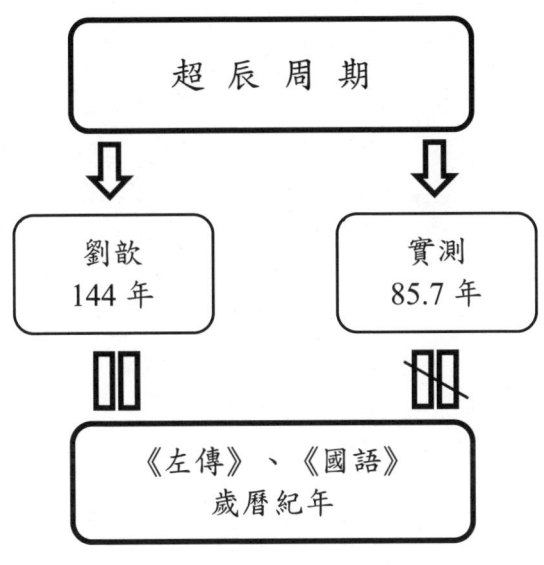

```
            超 辰 周 期
           ↙         ↘
      劉歆              實測
      144 年           85.7 年
        ‖                ‖
        《左傳》、《國語》
           歲曆紀年
```

圖 1：本書研究思路示意圖

在劉歆、實測兩種歲星超辰周期數值中，假使可逐一釐清其推算歲曆的原理與方法，並且證明《左傳》、《國語》的歲曆紀年，完全符合劉歆每 144 年一超辰的錯誤周期，由於這是劉歆獨家專屬的超辰周期，便可斷定《左傳》、《國語》的歲曆紀年為劉歆造作。循此思路，本書首先釐清西漢歲曆推算原理，

以作為研究基礎。再逐一驗算〈世經〉歲曆記錄,觀察術、譜之間是否吻合。接著對比〈世經〉歲曆記錄與《史記》所記相應段落,以考其異同。進而深層挖掘《春秋》,也就是《左傳》、《國語》歲曆記錄可能存在的問題。最後檢討武王伐紂相關天象的可信度。

二、西漢歲曆的推算原理

歲星運動周期的具體推算方法，見於《史記·天官書》、《漢書·天文志》、〈律曆志下〉之中。《史記·天官書》曰：

以攝提格歲：歲陰左行在寅，歲星右轉居丑。正月，與斗、牽牛晨出東方，名曰監德。
單閼歲：歲陰在卯，星居子。以二月與婺女、虛、危晨出，曰降入。
執徐歲：歲陰在辰，星居亥。以三月與營室、東壁晨出，曰青章。
大荒駱歲：歲陰在巳，星居戌。以四月與奎、婁晨出，曰跰踵。
敦牂歲：歲陰在午，星居酉。以五月與胃、昴、畢晨出，曰開明。
叶洽歲：歲陰在未，星居申。以六月與觜觿、參晨出，曰長列。
涒灘歲：歲陰在申，星居未。以七月與東井、輿鬼晨出，曰大音。

> 作鄂歲：歲陰在酉，星居午。以八月與柳、七星、張晨出，曰長王。
>
> 閹茂歲：歲陰在戌，星居巳。以九月與翼、軫晨出，曰天睢。
>
> 大淵獻歲：歲陰在亥，星居辰。以十月與角、亢晨出，曰大章。
>
> 困敦歲：歲陰在子，星居卯。以十一月與氐、房、心晨出，曰天泉。
>
> 赤奮若歲：歲陰在丑，星居寅，以十二月與尾、箕晨出，曰天晧。[1]

《漢書·天文志》：

> 太歲在寅曰攝提格。歲星正月晨出東方，《石氏》曰名監德，在斗、牽牛。失次，杓，早水，晚旱。《甘氏》在建星、婺女。《太初曆》在營室、東壁。
>
> 在卯曰單閼。二月出，《石氏》曰名降入，在婺女、虛、危。《甘氏》在虛、危。失次，杓，有水災。《太初》在奎、婁。

---

[1] 漢·司馬遷撰，南朝宋·裴駰集解，唐·司馬貞索隱、張守節正義：《史記》，卷27，頁1313。

在辰曰執徐。三月出，《石氏》曰名青章，在營室、東壁。失次，枸，早旱，晚水。《甘氏》同。《太初》在胃、昴。

在巳曰大荒落。四月出，《石氏》曰名路踵，在奎、婁。《甘氏》同。《太初》在參、罰。

在午曰敦牂。五月出，《石氏》曰名啟明，在胃、昴、畢。失次，枸，早旱，晚水。《甘氏》同。《太初》在東井、輿鬼。

在未曰協洽。六月出，《石氏》曰名長烈，在觜觿、參。《甘氏》在參、罰。《太初》在注、張、七星。

在申曰涒灘。七月出。《石氏》曰名天晉，在東井、輿鬼。《甘氏》在弧。《太初》在翼、軫。

在酉曰作詻。八月出，《石氏》曰名長壬，在柳、七星、張。失次，枸，有女喪、民疾。《甘氏》在注、張。失次，枸，有火。《太初》在角、亢。

在戌曰掩茂。九月出，《石氏》曰名天睢，在翼、軫。失次，枸，水。《甘氏》在七星、翼。《太初》在氐、房、心。

在亥曰大淵獻。十月出，《石氏》曰名天皇，在角、亢始。《甘氏》在軫、角、亢。《太初》在尾、箕。

在子曰困敦。十一月出，《石氏》曰名天宗，在氐、房始。《甘氏》同。《太初》在建星、牽牛。

在丑曰赤奮若。十二月出,《石氏》曰名天昊,在尾、箕。《甘氏》在心、尾。《太初》在婺女、虛、危。[2]

《漢書‧律曆志下》的〈歲術〉亦云:

> 星紀,初斗十二度,大雪。中牽牛初,冬至。於夏為十一月,商為十二月,周為正月。終於婺女七度。
> 玄枵,初婺女八度,小寒。中危初,大寒。於夏為十二月,商為正月,周為二月。終於危十五度。
> 諏訾,初危十六度,立春。中營室十四度,驚蟄。今日雨水,於夏為正月,商為二月,周為三月。終於奎四度。
> 降婁,初奎五度,雨水。今日驚蟄。中婁四度,春分。於夏為二月,商為三月,周為四月。終於胃六度。
> 大梁,初胃七度,穀雨。今日清明。中昴八度,清明。今日穀雨,於夏為三月,商為四月,周為五月。終於畢十一度。
> 實沈、初畢十二度,立夏。中井初,小滿。於夏為四月,商為五月,周為六月。終於井十五度。
> 鶉首,初井十六度,芒種。中井三十一度,夏至。於夏為五月,商為六月,周為七月。終於柳八度。

---

[2] 漢‧班固撰,唐‧顏師古注:《漢書》,卷26,頁1289-1290。

鶉火，初柳九度，小暑。中張三度，大暑。於夏為六月，商為七月，周為八月。終於張十七度。

鶉尾，初張十八度，立秋。中翼十五度，處暑。於夏為七月，商為八月，周為九月。終於軫十一度。

壽星，初軫十二度，白露。中角十度，秋分。於夏為八月，商為九月，周為十月。終於氐四度。

大火，初氐五度，寒露。中房五度，霜降。於夏為九月，商為十月，周為十一月。終於尾九度。

析木，初尾十度，立冬。中箕七度，小雪。於夏為十月，商為十一月，周為十二月。終於斗十一度。[3]

三段內容可統整一表如下：

---

[3] 漢‧班固撰，唐‧顏師古注：《漢書》，卷 21 下，〈律曆志下〉，頁 1005-1006。

表1：《史記·天官書》、《漢書·天文志》、《歲術》星法對照表

月份	正	二	三	四	五	六	七	八	九	十	十一	十二
《史記·天官書》 歲星宿次	斗、牽牛	婺女、虛、危	營室、東壁	奎、婁	胃、昴、畢	觜觿、參	東井、輿鬼	柳、七星、張	翼、軫	角、亢	氐、房、心	尾、箕
歲星辰位	丑	子	亥	戌	酉	申	未	午	巳	辰	卯	寅
歲陰名	攝提格	單閼	執徐	大荒駱	敦牂	叶洽	涒灘	作鄂	閹茂	大淵獻	困敦	赤奮若
歲陰辰位	寅	卯	辰	巳	午	未	申	酉	戌	亥	子	丑
《漢書·天文志》 石氏宿次	斗、牽牛、建星、婺女	婺女、虛、危	營室、東壁	奎、婁	胃、昴、畢	觜觿、參	東井、輿鬼	柳、七星、張	翼、軫	角、亢	氐、房、心	尾、箕
甘氏宿次	建星、婺女	婺女、虛、危	營室、東壁	奎、婁	胃、昴、畢	參、罰	弧	注、張、七星	翼、軫	軫、亢	氐、房、心	心
太初宿次	星紀	玄枵	娵訾	降婁	大梁	實沈	鶉首	鶉火	鶉尾	壽星	大火	析木
〈歲術〉 距度	初斗十二度，中牽牛初度，終於婺女七度。	初婺女八度，中危初度，終於危十五度。	初危十六度，中營室十四度，終於奎四度。	初奎五度，中婁四度，終於胃六度。	初胃七度，中昴八度，終於畢十一度。	初畢十二度，中井初度，終於井十五度。	初井十六度，中井三十一度，終於柳八度。	初張一度，中翼五度，終於軫十一度。	初軫十二度，中角十度，終於氐四度。	初氐五度，中房五度，終於尾九度。	初尾十度，中箕七度，終於斗十一度。	初斗十二度，中牽牛初度，終於婺女七度。
星次	星紀	玄枵	娵訾	降婁	大梁	實沈	鶉首	鶉火	鶉尾	壽星	大火	析木

據「表1」可知,《史記・天官書》所記星法,即《漢書・天文志》的《石氏》星法。對照〈天官書〉、〈天文志〉,前者的「歲陰」,等於後者的「太歲」。擴而大之,王引之云:「太歲、太陰、歲陰、天一、青龍,名異而實同也。」[4](為免混淆,除所引原文外,以下統一用「太歲」一詞;其所建辰位,亦通稱「歲辰」。)〈天官書〉以歲名為綱,記錄太歲、歲星所屬辰位、歲星出現之月及宿次、《石氏》歲名。〈天文志〉以歲辰為綱,記述歲名、歲星出現之月、《石氏》歲名及宿次,並補充《甘氏》、《太初曆》宿次。《漢書・律曆志下》的〈歲術〉,則改成劃分二十八宿共365度為12等分的距度。[5]其中夏、商、周三正,案〈世經〉云:

---

[4] 清・王引之:〈太歲考上〉,《經義述聞》(臺北:廣文書局有限公司,1979),卷29,頁692。孫星衍亦謂「太陰有二,一為歲星之陰,亦名歲陰,亦名太歲,亦曰青龍、曰天一,《淮南》、《史記》所稱以紀歲是也。」見清・孫星衍:〈太陰考〉,《問字堂集》(北京:中華書局,2006),卷1,頁20。

[5] 〈歲術〉記二十八宿距度:「角十二。亢九。氐十五。房五。心五。尾十八。箕十一。東七十五度。斗二十六。牛八。女十二。虛十。危十七。營室十六。壁九。北九十八度。奎十六。婁十二。胃十四。昴十一。畢十六。觜二。參九。西八十度。井三十三。鬼四。柳十五。星七。張十八。翼十八。軫十七。南百一十二度。」據此計算,星紀、玄枵、降婁、大梁、鶉首、鶉尾、大火為30度,諏訾、實沈、鶉火、壽星、析木為31度,共365度。《淮南子・天文》除「箕十一四分一」外,其餘均同,得365又1/4度,

>《漢曆》太初元年，距上元十四萬三千一百二十七歲。前十一月甲子朔旦冬至，歲在星紀婺女六度，故〈漢志〉曰：「歲名困敦」。[6]

歲星十一月冬至在星紀婺女六度，對應「星紀」的「於夏為十一月」，可知〈歲術〉主夏正。

再觀各家星法，首先是《石氏》。《史記‧天官書》言「攝提格」歲時「歲陰左行在寅，歲星右轉居丑」，意指太歲向左順行，經「卯、辰、巳、午、未、申、酉、戌、亥、子」，到「赤奮若」歲的「丑」；歲星向右逆轉，經「子、亥、戌、酉、申、未、午、巳、辰、卯」，到「赤奮若」歲的「寅」。每年歲辰據太歲以定，而非歲星，此即由「歲星紀年法」衍生的「太歲紀年法」。[7]歲星所行，或二宿、或三宿，

較〈歲術〉更加精準。不過，以歲星運行距度而言，《淮南子‧天文》：「歲行三十度十六分度之七，率日行十二分度之一，十二歲而周天。」與前引《史記‧天官書》：「日行十二分度之一，歲行三十度十六分度之七，十二歲而周。」兩者相同。見漢‧班固撰，唐‧顏師古注：《漢書》，卷 21 下，〈律曆志下〉，頁 1006-1007。劉文典：《淮南鴻烈集解》，上冊，卷 3，頁 122。

[6] 漢‧班固撰，唐‧顏師古注：《漢書》，卷 21 下，〈律曆志下〉，頁 1023。

[7] 陳侃理指出，由於歲星超辰的關係，導致歲星宿次發生改變，太歲紀年亦隨之變動。這個狀況在太初改曆以後，太歲不再嚴格對應歲

馬王堆帛書《五星占》:「歲星與大陰相應也,大陰居維辰一,歲星居維宿星二;大陰居中辰一,歲星居中宿星〔三〕。」[8]《淮南子・天文》:「太陰在四仲,則歲星行三宿,太陰在四鈎,則歲星行二宿。」[9]「中辰」、「四仲」者,太歲在子、卯、午、酉,歲星各行「氐、房、心」、「婺女、虛、危」、「胃、昴、畢」、「柳、七星、張」,咸為三宿;其餘是「維辰」、「四鈎」,各行二宿。《淮南子・天文》:「二八十六,三四十二,故十二歲而行二十八宿。」[10]是《石氏》、《五星占》、《淮南子・天文》三套星法劃分宿次的原則完全相通。

以《石氏》為基礎,比對《甘氏》、《太初曆》異同,可知三家太歲、歲名關係固定,區別在於歲星宿次有所差異。《漢書・天文志》:「《甘氏》、《太初曆》所以不同者,以

　　星宿次,亦不受超辰影響,形成穩定的連續循環,成為後來長期紀年標誌。本書主要討論太初改曆以前的歲曆,故必須以歲星運動為準。見陳侃理:〈秦漢的歲星與歲陰〉,《祝總斌先生九十華誕頌壽論文集》,頁 50-83。歲星、太歲、干支紀年的關係,參見陳久金,〈從馬王堆帛書《五星占》的出土試探我國古代的歲星紀年問題〉,《中國天文學史文集(第一集)》(北京:科學出版社,1978),頁 48-65。

8　劉樂賢:《馬王堆天文書考釋》,頁 42。
9　劉文典:《淮南鴻烈集解》,上冊,卷 3,頁 89。
10　劉文典:《淮南鴻烈集解》,上冊,卷 3,頁 89。

星贏縮在前,各錄後所見也。」[11]指出三家星法的不同,是因歲星運動發生變化。其實,《甘氏》異於《石氏》,反映在所選的代表星宿上。馮時以為《甘氏》用「建星」不用「斗」,用「罰」不用「觜觿」,是因位置相去不遠。「弧」遠於黃道、赤道外卻選為代表星宿,體現古人建立恆星標準點之前相對重視亮星的直覺思維。[12]證諸《漢書‧天文志》:「參為白虎。三星直者,是為衡石。下有三星,銳,曰罰,為斬艾事。其外四星,左右肩股也。小三星隅置,曰觜觿,為虎首,主葆旅事。」[13]是「參」、「罰」、「觜觿」相近。又「南斗為廟,其北建星。建星者,旗也。」[14]可知「斗」、「建星」相鄰。查 Stellarium23.4 星象軟體,井宿一的視星等是 2.85,鬼宿一是 5.30,弧矢一則是 1.80,弧矢一相對明亮。[15]則馮氏所言非虛。《史記‧天官書》:「柳為鳥注,主木草。」司馬貞《索隱》:「《爾雅》云:『鳥喙謂之柳。』孫炎云:『喙,朱鳥之口,柳其星聚也。』以注為柳星,故主草木。」[16]則

---

[11] 漢‧班固撰,唐‧顏師古注:《漢書》,卷 26,頁 1090。
[12] 見馮時:《中國天文考古學》(北京:社會科學文獻出版社,2001),頁 267-268。
[13] 漢‧班固撰,唐‧顏師古注:《漢書》,卷 26,頁 1280。
[14] 漢‧班固撰,唐‧顏師古注:《漢書》,卷 26,頁 1280。
[15] 本書所用 Stellarium23.4 為 2023 年 12 月 23 日發布的最新版本。
[16] 漢‧司馬遷撰,南朝宋‧裴駰集解,唐‧司馬貞索隱、張守節正義:《史記》,卷 27,頁 1303。

「注」屬「柳宿」。簡而言之,《甘氏》的「建星、罰、注、弧」,相當於《石氏》的「斗、觜觿、柳、東井」。[17]

《史記・天官書》列舉「昔傳天數者」,便有「魏,石申」、「齊,甘公」,張守節《正義》引《七錄》言石申:「魏人,戰國時作《天文》八卷也。」言甘公:「楚人,戰國時作《天文星占》八卷。」[18]兩書當即《漢書・天文志》的《石氏》、《甘氏》。《史記・張耳陳餘列傳》記楚漢之際,甘公勸張耳降漢曰:「漢王之入關,五星聚東井。東井者,秦分也。」[19]是《甘氏》互用「弧」、「東井」星名,與《石氏》無別。若對照〈歲術〉均分距度來看,兩家所涵蓋星宿實際上相去不遠,可視為同期體系。[20]

---

[17] 此外,《石氏》、《甘氏》的「七星」、「張」二宿次第顛倒。錢寶琮根據兩套二十八宿星名,以為分別代表石申、甘德兩個星占流派。參見錢寶琮:〈論二十八宿之來歷〉,《錢寶琮科學史論文選集》(北京:科學出版社,1983),頁327-351。

[18] 漢・司馬遷撰,南朝宋・裴駰集解,唐・司馬貞索隱、張守節正義:《史記》,卷27,頁1343。

[19] 漢・司馬遷撰,南朝宋・裴駰集解,唐・司馬貞索隱、張守節正義:《史記》,卷89,頁2581。黃一農回推高祖元年(206B.C.)天象,發現五星根本沒有聚在一起,倒是高祖二年,西元前205年5月15日左右,五星全在井宿,相距約31度。參見黃一農:〈中國星占學上最吉的天象——「五星會聚」〉,《社會天文學史十講》(上海:復旦大學出版社,2004),頁49-71。

[20] 劉坦以「攝提格」為據,歲星《石氏》在「斗、牽牛」,《甘氏》

接著是《太初曆》。《史記·律書》記武帝元封七年（104B.C.）詔書曰：

> 十一月甲子朔旦冬至已詹，其更以七年為太初元年。年名「焉逢攝提格」，月名「畢聚」，日得甲子，夜半朔旦冬至。[21]

《漢書·律曆志上》則記：

> 乃以前曆上元泰初四千六百一十七歲，至於元封七年，復得閼逢攝提格之歲，中冬十一月甲子朔旦冬至，日月

在「建星、婺女」，推測《甘氏》約晚於《石氏》以後 30-40 年。陳侃理亦以為《甘氏》約作於秦楚之際，距離《石氏》較近，歲星尚未超辰，只需將部分宿次前移即可。然以「表 1」來看，軫宿在《石氏》的九月，若《甘氏》前移，當在八月，實際上卻在十月，反而是後移了，心宿亦是如此。見劉坦：《中國古代之星歲紀年》，頁 110。陳侃理：〈秦漢的歲星與歲陰〉，《祝總斌先生九十華誕頌壽論文集》，頁 50-83。此外，據星法而言，甘公、石申時間應相去不遠，與張耳年歲恐不相及。此位甘公或是《甘氏》作者後代，如同司馬氏世掌天官。

[21] 漢·司馬遷撰，南朝宋·裴駰集解，唐·司馬貞索隱、張守節正義：《史記》，卷 26，頁 1260-1261。

在建星，太歲在子，已得《太初》本星度新正。[22]

若據《史記・天官書》的《石氏》星法，「攝提格」歲星在斗、牽牛二宿，太歲在「寅」，不合於《漢書・律曆志上》：「太歲在子」的說法。事實上，這個問題只要代入歲星超辰概念，便可解決。在制定《石氏》星法的時代，歲星正月在斗、牽牛二宿；降及太初改曆時，歲星正月往下超辰二次，進到營室、東壁二宿；由此推及十二月皆然。參與太初改曆專家，或只根據歲星位於斗、牽牛，不論月份，循《石氏》星法推定歲名「攝提格」，太歲在「寅」，是為舊法。或照當下實測，見歲星在十一月位於建星、牽牛，以此為標準，固定《石氏》星法的歲名、歲辰，並將宿次整套前提兩次，此為《太初曆》新法。十一月冬至歲星位於建星、牽牛二宿，前引〈歲術〉記「星紀」距度為「初斗十二度，中牽牛初，終於婺女七度。」是以〈世經〉：「歲在星紀婺女六度，故〈漢志〉曰：『歲名困敦』」，對照「表 1」，太歲便據新的《太初曆》而在「子」了。[23]

---

[22] 漢・班固撰，唐・顏師古注：《漢書》，卷 21 上，〈律曆志上〉，頁 975。

[23] 王引之據「攝提格之歲」，主張《漢書・律曆志上》的「太歲在子」當作「在寅」。其實，誠如王氏所言：「元封七年，太史令司馬遷與公孫卿、壺遂議造《漢曆》，故用太史官《殷曆》而以甲寅

綜前所述,《史記·天官書》、《漢書·天文志》所載的《石氏》、《甘氏》、《太初曆》,都是固定歲星出現之月、歲名、歲辰,《甘氏》所選代表星宿略異於《石氏》。為解決當時實測歲星與《石氏》的超辰誤差,《太初曆》、〈歲術〉都提前兩個宿次,〈歲術〉更改用精確的等分距度,並以十二

為元。至鄧平造曆,更以丙子為元。」案《漢書·律曆志上》,造《太初曆》時,「乃選治曆鄧平及長樂司馬可、酒泉候宜君、侍郎尊及與民間治曆者,凡二十餘人,方士唐都、巴郡落下閎與焉。都分天部,而閎運算轉曆。」最後「乃詔遷用鄧平所造八十一分律曆,罷廢尤疏遠者十七家,復使校曆律昏明。宦者淳于陵渠復覆太初曆晦朔弦望,皆最密,日月如合璧,五星如連珠。陵渠奏狀,遂用鄧平曆,以平為太史丞。」可知「太歲在子」即用鄧平所造《太初曆》新法。云「都分天部」,是二十八宿的距度,為唐都劃分。《史記·太史公自序》言其父司馬談「學天官於唐都」,則歲名「攝提格」,亦當是唐都所推,在所罷「尤疏遠者十七家」中。今《史記·曆書》所錄〈曆術甲子篇〉言「焉逢攝提格太初元年」。司馬貞《索隱》:「如〈漢志〉,太初元年歲在丙子,據此,則甲寅歲也。」猶是唐都舊法。見清·王引之:〈太歲考上〉,《經義述聞》,卷29,頁705。漢·班固撰,唐·顏師古注:《漢書》,卷21上,〈律曆志上〉,頁975-976。漢·司馬遷撰,南朝宋·裴駰集解,唐·司馬貞索隱、張守節正義:《史記》,卷130,頁3288;卷26,頁1263。陳久金:〈《史記·曆書》注釋〉,《帛書及古典天文史料注析與研究》(臺北:萬卷樓圖書有限公司,2001),頁270。案,為避乾隆弘曆名諱,《經義述聞》「曆」咸作「數」,今俱逕改正作「曆」。

星次命名。[24]

　　既知造成《太初曆》、《石氏》不同的原因，在於歲星超辰。同理，《淮南子‧天文》：

> 太陰在寅，歲名曰攝提格，其雄為歲星，舍斗、牽牛，以十一月與之晨出東方，東井、輿鬼為對。
> 太陰在卯，歲名單閼，歲星舍須女、虛、危，以十二月與之晨東方，柳、七星、張為對。
> 太陰在辰，歲名曰執除，歲星舍營室、東壁，以正月與之晨出東方，翼、軫為對。
> 太陰在巳，歲名曰大荒落，歲星舍奎、婁，以二月與之晨出東方，角、亢為對。
> 太陰在午，歲名曰敦牂，歲星舍胃、昴、畢，以三月與之晨出東方，氐、房、心為對。
> 太陰在未，歲名曰協洽，歲星舍觜巂、參，以四月與之晨出東方，尾、箕為對。
> 太陰在申，歲名曰涒灘，歲星舍東井、輿鬼，以五月與之晨出東方，斗、牽牛為對。

---

[24] 關於二十八星宿與十二星次名稱的意義，可參考陳久金：〈中國十二星次、二十八星宿名含義的系統解釋〉，《自然科學史研究》第31卷第4期（2012年），頁381-395。

太陰在酉，歲名作鄂，歲星舍柳、七星、張，以六月與之晨出東方，須女、虛、危為對。
太陰在戌，歲名曰閹茂，歲星舍翼、軫，以七月與之晨出東方，營室、東壁為對。
太陰在亥，歲名大淵獻，歲星舍角、亢，以八月與之晨出東方，奎、婁為對。
太陰在子，歲名困敦，歲星舍氐、房、心，以九月與之晨出東方，胃、昴、畢為對。
太陰在丑，歲名曰赤奮若，歲星舍尾、箕，以十月與之晨出東方，觜嶲、參為對。[25]

亦可整理一表如下：

表2：《淮南子・天文》星法表

月份	正	二	三	四	五	六	七	八	九	十	十一	十二
《淮南子・天文》歲星宿次	營室、東壁	奎、婁	胃、昴、畢	觜嶲、參	東井、輿鬼	柳、七星、張	翼、軫	角、亢	氐、房、心	尾、箕	斗、牽牛	須女、虛、危
歲名	執徐	大荒駱	敦牂	協洽	涒灘	作鄂	閹茂	大淵獻	困敦	赤奮若	攝提格	單閼
太陰辰位	辰	巳	午	未	申	酉	戌	亥	子	丑	寅	卯

25　劉文典：《淮南鴻烈集解》，上冊，卷3，頁117-119。

錢大昕由歲星所在宿次「斷無差至兩次之理」，堅持《史記·天官書》的「歲陰」，即承《淮南子·天文》的「太陰」而來，與《漢書·天文志》的「太歲」為兩種截然不同的紀年法。至於《史記·天官書》、《淮南子·天文》兩者常差兩月，乃「一舉夏正，一用天正，似異而實同」。[26]另一方面，孫星衍、王引之以為太陰、太歲異名同實。[27]王氏進一步主張太歲、歲星相應之法有二：一為「《殷曆》太歲應歲星晨見之月」，二為「《漢曆》太歲應歲星與日同次之月」。並作元封六年（105B.C.）到太初元年（104B.C.）月表，指出太初元年正月以前，《殷曆》甲寅，《漢曆》丙子；正月以後，《殷曆》乙卯，《漢曆》丁丑；說明「《漢曆》丙子元」出自「《殷曆》甲寅元」。[28]事實上，對照前述《石氏》星法，《淮南子·天文》乃是固定宿次、歲名、歲辰，而將歲星出現之月提前兩個月。像是歲名「攝提格」，「太陰在寅」，歲星出現宿次在「斗、牽牛」，均和《石氏》相同，唯獨歲星出現

26　詳見清·錢大昕：〈太陰〉，《十駕齋養新錄》（南京：江蘇古籍出版社，1997），卷17，頁368-369。清·錢大昕：〈太陰太歲辨〉，《潛研堂文集》（上海：上海古籍出版社，2012），卷16，頁251-253。劉坦亦作如是觀。見劉坦：《中國古代之星歲紀年》，頁8。

27　詳見清·孫星衍：〈太陰考〉，《問字堂集》，卷1，頁20。清·王引之：〈太歲考上〉，《經義述聞》，卷29，頁692-693。

28　詳見清·王引之：〈太歲考上〉，《經義述聞》，卷29，頁692-693。

之月由正月改成十一月。職是可見，《淮南子‧天文》改動月份，正如《太初曆》調整宿次，都是為了因應《石氏》以來歲星超辰兩次所採取的不同策略，其背後原理實無二致。

舉例來說，《淮南子‧天文》：「淮南元年冬，太一在丙子」，[29]王引之云：「太一乃北極之神，與紀歲無涉。太一當作天一。」[30]據《史記‧漢興以來諸侯王年表》，文帝十六年（164B.C.）「四月丙寅，（淮南）王（劉）安元年」，[31]至元封六年（105B.C.）恰滿 60 年，隔年干支重啟，元封七年（104B.C.）亦當在丙子。[32]然而，元封七年十一月冬至歲星位

---

[29] 劉文典：《淮南鴻烈集解》，上冊，卷 3，頁 103。

[30] 清‧王念孫：《讀書雜志》（臺北：樂天出版社，1974），下冊，卷 9-3，頁 790。案，此條言「引之曰」，知是王引之所說。

[31] 漢‧司馬遷撰，南朝宋‧裴駰集解，唐‧司馬貞索隱、張守節正義：《史記》，卷 17，頁 835。

[32] 漢承秦制，漢初以十月為歲首，原本元封七年十月，為當年開始。3 個月後，因太初改曆，以正月為歲首，於是太初元年包含元封七年十到十二月，共 15 個月。證諸《漢書‧武帝紀》，太初元年起於「冬十月，行幸泰山」，其後「十一月甲子朔旦，冬至，祀上帝于明堂」，至「夏五月，正曆，以正月為歲首」，明年太初二年（103B.C.）因改曆而始於「春正月戊申，丞相慶薨」，則太初元年確實從原本元封七年十月到太初元年十二月，共 15 月。前引《史記‧律書》：「十一月甲子朔旦冬至已詹，其更以七年為太初元年。」《漢書‧律曆志上》：「至於元封七年，復得閼逢攝提格之歲，中冬十一月甲子朔旦冬至，日月在建星，太歲在子，已得《太初》本星度新正。」這個「十一月甲子朔旦冬至」發生在「元

於建星、牽牛,照「表 2」所示,太歲當在「寅」非「子」,回推「淮南元年」亦當如是。於是王引之提出「蓋曆元所起,在日月五星同次之月。而太歲所建,則在歲星與日隔次而晨見之月。此太歲、歲星相應之正法也。」[33]所謂曆元所起「在日月五星同次之月」,相當於「太歲應歲星與日同次之月」。就像《漢書・律曆志上》記元封七年「日月如合璧,五星如連珠。」顏師古引孟康曰:「謂太初上元甲子夜半朔旦冬至時,七曜皆會聚斗、牽牛分度,夜盡如合璧連珠也。」[34]日、月、歲星都在斗、牽牛之次,《太初曆》即據甲子夜半朔旦冬至七曜聚斗以起曆元,同時改「在日月五星同次之月」以紀歲曆,相對於《石氏》星法來說,正是歲星超辰兩次後的結果。

至於「歲星與日隔次而晨見之月」,亦即「《殷曆》太歲應歲星晨見之月」,表示日與歲星不在同次。《淮南子・天文》記一年日躔星宿:「星,正月建營室,二月建奎、婁,三月建胃,四月建畢,五月建東井,六月建張,七月建翼,八月

封七年」,故言「太歲在子」,與五月改曆後再得十二月歲星至「須女、虛、危」的「太歲在丑」不同。是以前引〈世經〉特稱:「『前』十一月甲子朔旦冬至」,以區別太初元年的 15 個月中前後兩個歲曆紀年。見漢・班固撰,唐・顏師古注:《漢書》,卷 6,頁 199-200。

33 清・王引之:〈太歲考上〉,《經義述聞》,卷 29,頁 692-693。
34 漢・班固撰,唐・顏師古注:《漢書》,卷 21 上,〈律曆志上〉,頁 976。

建亢,九月建房,十月建尾,十一月建牽牛,十二月建虛。」[35]對照「表 1」,大抵日躔每月移動一星次。四月建畢不建觜巂、參者,《淮南子・天文》記各宿距度:「胃十四,昴十一,畢十六,觜巂二,參九,井三十三」,[36]因觜巂、參二宿距度較小,故日躔等速運行,容易越過。衡諸《禮記・月令》:「孟夏之月,日在畢。」鄭玄注:「孟夏者,日月會於實沈,而斗建巳之辰。」[37]前引〈歲術〉記「實沈」距度:「初畢十二度,中井初,終於井十五度。」在「初畢十二度,中井初」間,已跨越觜巂、參二宿。《淮南子・天文》記歲星運行:「天一元始,正月建寅,日月俱入營室五度。」[38]根據《石氏》星法,太歲正月在寅,歲星在斗、牽牛,於此同時日躔營室,在歲星之後兩次。是以「淮南元年冬」,按照「表

---

[35] 高誘注:「『星』宜言『日』。〈明堂月令〉孟春之月,日在營室;仲春之月在奎、婁;季春之月在胃。此言『星正月建營室』,字之誤也。」王念孫以為「不言日所建者,承上文兩『日』字而省,高注以『星』為『日』之誤,非也。」意指承前文「欲知天道,以日為主,六月當心,左周而行,分而為十二月,與日相當,天地重襲,後必無殃」而省,「星」代表日躔所經之星宿。見劉文典:《淮南鴻烈集解》,上冊,卷3,頁 121-122。清・王念孫:《讀書雜志》,下冊,卷9-3,頁798-799。

[36] 劉文典:《淮南鴻烈集解》,上冊,卷3,頁122。

[37] 漢・鄭玄注,唐・孔穎達正義:《禮記正義》(臺北:藝文印書館,1997),卷15,頁305。

[38] 劉文典:《淮南鴻烈集解》,上冊,卷3,頁95。

2」,歲星於冬十一月與日同在斗、牽牛,太歲為「寅」;此時改以日躔為準,運用「歲星與日隔次而晨見之月」舊法回推,歲星於以往《石氏》中,當在氐、房、心,太歲便可由「寅」往回數兩次到「子」了。職是而論,《淮南子‧天文》保留《石氏》的歲星宿次、歲名、歲辰,同時維持「歲星與日隔次而晨見之月」原則,此其復古之處。調整歲星出現之月,則反映當時歲星相對於《石氏》已超辰兩次而與日同次的現況。以此統合《石氏》舊法與實測星象,是為《石氏》轉向《太初曆》的過渡星法。

　　王引之觀察到古書中「歲星與日隔次而晨見之月」、「歲星與日同次之月」的區別,但分作《顓頊曆》、《殷曆》,以為秦到漢初用前者,太初以後用後者。《淮南子》在太初之前,當用《顓頊曆》,於是改《淮南子‧天文》「寅在十一月」的系列星法為「寅在正月」系列。對照「表 1」,可知王氏校改後的《淮南子‧天文》,等同《石氏》星法。如此一來,誠如前文所推,元封七年、文帝十六年的太歲便在「寅」而非「子」。於是王氏又言「《太初曆》元之在冬至,本於《殷曆》。而元年太歲在丙子,又本於《顓頊曆》也。蓋是年冬至,日月五星同次,故《殷曆》以為甲寅元首。而同次之月建子,則太歲亦在子,故《顓頊曆》謂是年為丙子。」[39]其以

39　清‧王引之:〈太歲考上〉,《經義述聞》,卷 29,頁 693。

月建之月為太歲之辰，出自《周禮・春官・馮相氏》鄭玄注：「歲謂太歲，歲星與日同次之月，斗所建之辰。《樂說》說：『歲星與日常應大歲月建以見』。」[40]然而，月建是紀一年當中日躔所在之月，非紀年之法。《淮南子・天文》：「斗杓為小歲，……小時者，月建也。」[41]易而言之，日躔者，每月行一辰，12月一周天。歲星連同相應的太歲，每年行一次，12歲一周天。在日行疾、歲行遲的狀況下，即使「隔次」舊法正月歲在「星紀」的斗、牽牛，日在營室，到了十一月，日疾行趕上歲星，便同在斗、牽牛了。同理，「同次」新法歲在「諏訾」，其正月雖日、歲俱在營室，但也僅此一月，其後日便疾行而去，歲星在原次緩慢前行，到來年才進入「降婁」。因此，逕取月建在子，以推太歲在子，不過是漢初到太初期間，

---

[40] 漢・鄭玄注，唐・賈公彥疏：《周禮注疏》（臺北：藝文印書館，1997），卷26，頁404。《淮南子・天文》：「斗杓為小歲，正月建寅，月從左行十二辰。」對照「表1」，斗建正月建寅，正同正月日在營室、東壁的「諏訾」，辰位亦在寅，其後向左順行，經「卯、辰、巳、午、未、申、酉、戌、亥、子、丑」，每月行一辰，共十二辰，是斗建、日躔相合。其實，前引鄭玄注：「孟夏者，日月會於實沈，而斗建巳之辰。」已將日躔位置、斗建（月建）辰位並舉。關於日躔、月建概念，可參考清・孫星衍：〈斗建辨〉、〈古日纏異同表〉、〈日纏考〉，《問字堂集》，卷2，頁57-62；卷2，頁62-65；卷3，頁66。

[41] 劉文典：《淮南鴻烈集解》，上冊，卷3，頁102。

日與歲星恰巧「同次」而已；到了漢末鄭玄，按劉歆每 144 年一超辰，歲星應當過日兩次，鄭玄只是依經作注，並沒有考慮到超辰問題，亦未必是實測記錄。[42]王氏分作《顓頊曆》、《殷曆》，以及太初以後的《漢曆》，益顯繞纏瑣碎，反倒治絲益棼。總而言之，在歲星超辰原理下，《石氏》、《甘氏》為「歲星與日隔次而晨見之月」、「太歲應歲星晨見之月」，是未超辰的舊法；《太初曆》、〈歲術〉則是「歲星與日同次之月」、「太歲應歲星與日同次之月」，為超辰兩次後的新法。《淮南子・天文》月份採新法，推算用「歲星與日隔次而晨見之月」舊法，介於新舊之間，既不必改動原文，更無須牽扯月建之法，亦可得到元封七年、文帝十六年「太歲在子」的結果。雖然原本《石氏》的日躔、歲星相差兩次，在超辰兩次之後變成「同次」，於是月建、太歲便在相同辰位，故鄭玄、王引之所言，從結果來看亦無差錯，但似乎只知其然，不能完全知其所以然，沒有勘破超辰關鍵，猶未達一間。[43]

---

[42] 鄭玄生卒年為西元 127-200 年。劉歆「同次」區間，在始皇帝二十七年（220B.C.）到昭帝元鳳五年（76B.C.），從「同次」區間加兩次 144 年，方進入鄭玄活動時期。「同次」區間的推定，請見下一章討論。

[43] 關於《淮南子・天文》的歲星、太歲研究，亦可參考陶磊：《《淮南子・天文》研究——從數術史的角度》（濟南：齊魯書社，2003），頁 73-97。

綜上所論，漢代歲曆因歲星超辰，而有「與日隔次而晨見之月」、「在日月五星同次之月」前後兩種星法。於是可據〈歲術〉十二星次為綱，製一表如下：

表 3：歲星與日「隔次」、「同次」星法對照表

星次	星紀	玄枵	諏訾	降婁	大梁	實沈	鶉首	鶉火	鶉尾	壽星	大火	析木
《石氏》隔次 月份	正	二	三	四	五	六	七	八	九	十	十一	十二
《石氏》隔次 宿次	斗、牽牛	婺女、虛、危	營室、東壁	奎、婁	胃、昴、畢	觜、參	東井、輿鬼	柳、七星、張	翼、軫	角、亢	氐、房、心	尾、箕
〈歲術〉同次 月份	十一	十二	正	二	三	四	五	六	七	八	九	十
〈歲術〉同次 距度	初斗十二度，中牽牛初，終於婺女七度。	初婺女八度，中危初，終於危十五度。	初危十六度，中營室十四度，終於奎四度。	初奎五度，中婁四度，終於胃六度。	初胃七度，中昴八度，終於畢十一度。	初畢十二度，中井初，終於井十五度。	初井十六度，中井三十一度，終於柳八度。	初柳九度，中張三度，終於張十七度。	初張十八度，中翼十五度，終於軫十一度。	初軫十二度，中角十度，終於氐四度。	初氐五度，中房五度，終於尾九度。	初尾十度，中箕七度，終於斗十一度。

根據「表 3」，假設歲星正月「晨見」於東方的斗、牽牛二宿，則「歲在星紀」，此時日在營室、東壁，是為「隔次」舊法，《石氏》、《甘氏》屬之。陳侃理指出，戰國秦漢之際，

「晨」是指子夜之後、天亮之前的時間。[44]倘若歲星正月與日早上同出危十六度到奎四度之間，亦涵蓋營室、東壁範圍，則「歲在諏訾」，是為「同次」新法，《太初曆》、〈歲術〉屬之，此乃歲星由「隔次」舊法經過兩次超辰的結果。至於《淮南子・天文》月份採新法，推算用舊法，是為介於「隔次」到「同次」之間的過渡星法。

[44] 見陳侃理：〈秦漢的歲星與歲陰〉，《祝總斌先生九十華誕頌壽論文集》，頁 50-83。

三、〈世經〉歲曆驗算

異於前章《石氏》等觀測歲星運動軌跡，劉歆則是根據經典義理，推算出歲星12年的公轉周期，《漢書‧律曆志上》：

《易》曰：「參五以變，錯綜其數。通其變，遂成天下之文；極其數，遂定天下之象。」太極運三辰五星於上。……五星之合於五行，水合於辰星，火合於熒惑，金合於太白，木合於歲星，土合於填星。三辰五星而相經緯也。天以一生水，地以二生火，天以三生木，地以四生金，天以五生土。五勝相乘，以生小周，以乘〈乾〉、〈坤〉之策，而成大周。陰陽比類，交錯相成，故九六之變登降於六體。三微而成著，三著而成象，二象十有八變而成卦，四營而成《易》，為七十二，參三統兩四時相乘之數也。參之則得〈乾〉之策，兩之則得〈坤〉之策。[1]

---

[1] 漢‧班固撰，唐‧顏師古注：《漢書》，卷 21 上，〈律曆志上〉，頁 985。

據李銳〈三統術注〉,「三微而成著,三著而成象」者,3×3＝9;「二象十有八變而成卦」者,2×9＝18;「四營而成易,為七十二」者,4×18＝72;「參三統兩四時相乘之數也」者,3×3＝9、2×4＝8、9×8＝72;「參之則得〈乾〉之策」者,3×72＝216;「兩之則得〈坤〉之策」者,2×72＝144。[2]此乃劉歆聯貫《周易‧繫辭》、《尚書‧洪範》所得的曆法根據。[3]《漢書‧律曆志下》的〈紀母〉進一步言:

> 木、金相乘為十二,是為歲星小周。小周乘〈巛〉策,為千七百二十八,是為歲星歲數。[4]

---

[2] 見清‧李銳:〈三統術注〉,《李氏遺書十一種》,收入《續修四庫全書》(上海:上海古籍出版社,1995),第 1045 冊,卷上,頁 545-546。

[3] 「參五以變」一段,見《周易‧繫辭上》。「天以一生水」一段,則是結合《周易‧繫辭上》:「天一、地二、天三、地四、天五」,以及《尚書‧洪範》:「初一曰五行」、「一五行:一曰水,二曰火,三曰木,四曰金,五曰土」而成。見魏‧王弼、晉‧韓康伯注,唐‧孔穎達正義:《周易正義》(臺北:藝文印書館,1997),卷 7,頁 154-155。舊題漢‧孔安國傳,唐‧孔穎達正義:《尚書正義》(臺北:藝文印書館,1997),卷 12,頁 168-169。

[4] 漢‧班固撰,唐‧顏師古注:《漢書》,卷 21 下,〈律曆志下〉,頁 985。

錢大昕釋曰：

> 木三、金四皆生數，三四乘為十二。木、金相乘者，金克木也；所謂「五勝相乘，以生小周」也。水、木、土，天生，以〈坤〉策乘之；金、火，地生，以〈乾〉策乘之，陰陽不交不能生也，所謂「陰陽比類，交錯相成」也。[5]

據是以觀，歲星十二小周是《石氏》、《甘氏》、《五星占》、《淮南子》、《太初曆》的觀測與共識，此為合天；劉歆根據《周易》、《尚書》義理演繹出木三、金四相勝而相乘，是為合經。〈坤〉策百四十四從揲蓍營策而得，木三天生，以〈坤〉策乘之，是為「陰陽比類，交錯相成」，亦屬合經。為了彌縫《石氏》到《太初曆》歲星位置的差距，並盡可能滿足合天同時合經的要求，現今十二小周既合天又合經，於是超辰周期，只能著落在已然合經卻尚待合天，且無人能夠親驗兩次歲星變化的百四十四〈坤〉策之上了，此所以劉歆選取每 144 年一超辰的原因。

以當代天文學的推算工具和技術，只要給出確實年代，完

---

[5] 清・錢大昕：《三統術衍》，收入《叢書集成三編》（臺北：新文豐出版股份有限公司，1997），第 29 冊，卷 2，頁 644。

全可以準確無誤掌握當時的歲星位置。有趣的是，經過天文學家推算，在《國語》、《左傳》中記錄已知年代的歲星位置，居然沒有任何一筆能夠符合現代推算結果。[6]換句話說，《國語》、《左傳》的歲星記錄並不能「與天相應」。如今既知西漢歲曆的推算原理，又還原每 144 年一超辰是劉歆根據經典的假設，究竟〈世經〉是否得以「驗之《春秋》」？就有待進一步驗算其中的歲曆了。

（一）商湯伐桀到高祖元年

〈世經〉：

> 三統，上元至伐桀之歲，十四萬一千四百八十歲，歲在大火房五度，故《傳》曰：「大火，閼伯之星也，實紀商人。」……自伐桀至武王伐紂，六百二十九歲，故《傳》曰：殷「載祀六百」。……凡殷世繼嗣三十一王，六百二十九歲。
>
> 自文王受命而至此十三年，歲亦在鶉火，故《傳》曰：

---

[6] 參見江曉原、鈕衛星：《回天——武王伐紂與天文歷史年代學》（上海：上海人民出版社，2000），頁 98-100。張培瑜等撰：《中國古代曆法》（北京：中國科學技術出版社，2007），上冊，頁 285-289。

「歲在鶉火,則我有周之分野也。」……秦昭王之五十一年也,秦始滅周。周凡三十六王,八百六十七歲。

秦伯昭王,〈本紀〉無天子五年。……凡秦伯五世,四十九歲。[7]

可知商湯伐桀到秦二世三年(207B.C.),其積年:

$$629+867+49=1545$$

共 1545 年,每 144 年一超辰:

$$1545\div 144=10\cdots\cdots 105$$

從「伐桀之歲,歲在大火房五度」往後超辰 10 次,經析木、星紀、玄枵、諏訾、降婁、大梁、實沈、鶉首、鶉火,來到「鶉尾」。餘 105 年,每 12 年歲星一周天:

$$105\div 12=8\cdots\cdots 9$$

於是由「鶉尾」往後算 9 次,經壽星、大火、析木、星紀、玄枵、諏訾、降婁、大梁,到秦二世三年「歲在實沈」。隔年高祖元年(206B.C.),「歲在鶉首」,〈世經〉云:「歲在大

---

[7] 漢・班固撰,唐・顏師古注:《漢書》,卷 21 下,〈律曆志下〉,頁 1013-1022。

棟之東井二十二度,鶉首之六度也。故〈漢志〉曰『歲在大棟,名曰敦牂,太歲在午。』」[8]錢大昕云:「『六度』當作『七度』」。[9]前引〈歲術〉,「鶉首」之次「初井十六度,中井三十一度,終於柳八度」,東井「二十二度」在鶉首「七度」,錢說正確。

(二) 商湯伐桀到武王伐紂

〈世經〉:

> 三統,上元至伐桀之歲,十四萬一千四百八十歲,歲在大火房五度,故《傳》曰:「大火,閼伯之星也,實紀商人。」……自伐桀至武王伐紂,六百二十九歲,故《傳》曰:殷「載祀六百」。……凡殷世繼嗣三十一王,六百二十九歲。[10]

可知商湯伐桀到武王伐紂,共 629 年,每 144 年一超辰:

---

8 漢・班固撰,唐・顏師古注:《漢書》,卷 21 下,〈律曆志下〉,頁 1023。

9 清・錢大昕:《三史拾遺》,收入《廿二史考異》(上海:上海古籍出版社,2004),下冊,卷 3,頁 1416。

10 漢・班固撰,唐・顏師古注:《漢書》,卷 21 下,〈律曆志下〉,頁 1013-1014。

$$629 \div 144 = 4 \cdots\cdots 53$$

從「伐桀之歲，歲在大火房五度」往後超辰 4 次，經析木、星紀、玄枵，至「諏訾」。餘 53 年，每 12 年歲星一周天：

$$53 \div 12 = 4 \cdots\cdots 5$$

由「諏訾」往後算 5 次，經降婁、大梁、實沈、鶉首，武王伐紂「歲在鶉火」，〈世經〉云：「歲亦在鶉火，故《傳》曰：『歲在鶉火，則我有周之分壄也。』」[11]

（三）武王伐紂到重耳奔狄、過衛、歸晉、踐土之會

〈世經〉：

> 春秋　隱公，《春秋》即位十一年，及桓公軌立。此元年上距伐紂四百歲。
> 桓公，《春秋》即位十八年，子莊公同立。
> 莊公，《春秋》即位三十二年，子閔公啟方立。
> 閔公，《春秋》即位二年，及僖公申立。僖公五年正月

---

[11] 漢・班固撰，唐・顏師古注：《漢書》，卷 21 下，〈律曆志下〉，頁 1015。

辛亥朔旦冬至,《殷曆》以為壬子,距成公七十六歲。[12]

可知武王伐紂到僖公五年（655B.C.）,其積年:

400＋11＋18＋32＋2＋5＝468

共 468 年,每 144 年一超辰:

468÷144＝3……36

從武王伐紂「歲在鶉火」往後超辰 3 次,經鶉尾、壽星,至「大火」。餘 36 年,每 12 年歲星一周天:

36÷12＝3

則僖公五年「歲在大火」,故〈世經〉云:「是歲,歲在大火。故《傳》曰:晉侯使寺人披伐蒲,重耳奔狄。董因曰:『君之行,歲在大火。』」[13]

重耳於僖公五年出奔,包括此年在內,處狄共 12 年,歲星經大火、析木、星紀、玄枵、諏訾、降婁、大梁、實沈、鶉首、鶉火、鶉尾,於僖公十六年（644B.C.）到「壽星」出行

---

[12] 漢・班固撰,唐・顏師古注:《漢書》,卷 21 下,〈律曆志下〉,頁 1019。

[13] 漢・班固撰,唐・顏師古注:《漢書》,卷 21 下,〈律曆志下〉,頁 1019。

過衛,〈世經〉云:「後十二年,僖之十六歲,歲在壽星。故《傳》曰:重耳處狄十二年而行,過衛五鹿,乞食於墅人,墅人舉块而與之。子犯曰:『天賜也,後十二年,必獲此土。歲復於壽星,必獲諸侯。』」[14]僖公二十八年(632B.C.)即晉文公五年,歲星 12 年一周天,再回到「壽星」。案《史記·十二諸侯年表》,文公五年「侵曹伐衛,取五鹿,執曹伯。諸侯敗楚而朝河陽,周命賜公土地。」僖公亦「如踐土會朝。」[15]〈世經〉所謂「後十二年,必獲此土。歲復於壽星,必獲諸侯」是也。

重耳回晉,在僖公二十四年(636B.C.),距僖公十六年「歲在壽星」有 8 年,往後推算,經大火、析木、星紀、玄枵、娵訾、降婁、大梁,僖公二十四年「歲在實沈」,〈世經〉云:「後八歲,僖之二十四年也,歲在實沈,秦伯納之。故《傳》曰:董因云:『君以辰出,而以參入,必獲諸侯。』」[16]

---

[14] 漢·班固撰,唐·顏師古注:《漢書》,卷 21 下,〈律曆志下〉,頁 1019。

[15] 見漢·司馬遷撰,南朝宋·裴駰集解,唐·司馬貞索隱、張守節正義:《史記》,卷 14,頁 596。

[16] 漢·班固撰,唐·顏師古注:《漢書》,卷 21 下,〈律曆志下〉,頁 1019。

（四）僖公五年到襄公二十八年

〈世經〉：

> 《春秋》，僖公即位三十三年，子文公興立。
> 《春秋》，文公即位十八年，子宣公倭立。
> 宣公，《春秋》即位十八年，子成公黑肱立。
> 《春秋》，成公即位十八年，子襄公午立。[17]

可知僖公五年到襄公二十八年（545B.C.），其積年：

$$(33-5)+18+18+18+28=110$$

共 110 年，每 12 年歲星一周天：

$$110 \div 12 = 9 \cdots\cdots 2$$

從僖公五年「歲在大火」往後算 2 次，經過析木，襄公二十八年「歲在星紀」，〈世經〉云：「歲在星紀，故《經》曰：『春無冰。』《傳》曰：『歲在星紀，而淫於玄枵。』三十年

---

[17] 漢・班固撰，唐・顏師古注：《漢書》，卷 21 下，〈律曆志下〉，頁 1020。

歲在娵訾。三十一年歲在降婁。」[18]

（五）襄公三十一年到昭公八年、三十二年

〈世經〉：

《春秋》，襄公即位三十一年，子昭公裯立。[19]

可知襄公三十一年下距昭公八年（534B.C.），共 8 年。從襄公三十一年「歲在降婁」往後算 8 次，經大梁、實沈、鶉首、鶉火、鶉尾、壽星、大火，昭公八年「歲在析木」，中隔星紀，十年到「玄枵」，〈世經〉云：「昭公八年歲在析木，十年歲在顓頊之虛，玄枵也。」[20]

昭公八年下距昭公三十二年（510B.C.），共 24 年。每 12 年歲星一周天，原亦當「歲在析木」，然上距僖公五年（655B.C.）為第 145 歲，〈世經〉以為「盈一次矣」，故超辰到「星紀」。「星紀」宿次在「斗、牽牛」，案《淮南子·

---

[18] 漢·班固撰，唐·顏師古注：《漢書》，卷 21 下，〈律曆志下〉，頁 1020-1021。

[19] 漢·班固撰，唐·顏師古注：《漢書》，卷 21 下，〈律曆志下〉，頁 1021。

[20] 漢·班固撰，唐·顏師古注：《漢書》，卷 21 下，〈律曆志下〉，頁 1021。

天文》：「斗、牽牛，越」，[21]是以〈世經〉云：「故《傳》曰：『越得歲，吳伐之，必受其咎。』」[22]

（六）漢代以後

統整僖公五年以來明確記錄歲星超辰年代，向後推至高祖元年，可條列如下表：

表 4：〈世經〉春秋到秦代超辰表

僖公五年（655B.C.）到昭公三十一年（511B.C.）共 144 年
昭公三十二年（510B.C.）第 145 年，由析木超辰到星紀
昭公三十二年（510B.C.）到周顯王三年（366B.C.）共 144 年
周顯王四年（365B.C.）第 145 年，由玄枵超辰到諏訾
周顯王四年（365B.C.）到始皇帝二十六年（221B.C.）共 144 年
始皇帝二十七年（220B.C.）第 145 年，由降婁超辰到大梁

始皇帝二十七年（220B.C.）歲在大梁，下距高祖元年（206 B.C.）共 14 年。每 12 年歲星一周天：

---

[21] 劉文典：《淮南鴻烈集解》，上冊，卷 3，頁 122。案，此處文字有誤，校改詳見後文。

[22] 漢・班固撰，唐・顏師古注：《漢書》，卷 21 下，〈律曆志下〉，頁 1021。

$$14 \div 12 = 1 \cdots\cdots 2$$

從始皇帝二十七年「歲在大梁」往後算 2 次，經過實沈，高祖元年歲星正符合〈世經〉的「鶉首之六度也」。

高祖元年「歲在鶉首」，〈世經〉：

> 著紀，高帝即位十二年。
> 惠帝，著紀即位七年。
> 高后，著紀即位八年。
> 文帝，前十六年，後七年，著紀即位二十三年。
> 景帝，前七年，中六年，後三年，著紀即位十六年。
> 武帝建元、元光、元朔各六年。元朔六年十一月甲申朔旦冬至，《殷曆》以為乙酉，距初元七十六歲。元狩、元鼎、元封各六年。[23]

其積年：

$$12+7+8+23+16+（6 \times 6）=102$$

共 102 年，每 12 年歲星一周天：

---

[23] 漢‧班固撰，唐‧顏師古注：《漢書》，卷 21 下，〈律曆志下〉，頁 1023。

$$102 \div 12 = 8 \cdots\cdots 6$$

從高祖元年「歲在鶉首」起算 6 次，包括鶉首、鶉火、鶉尾、壽星、大火，元封六年（105B.C.）「歲在析木」，隔年太初元年（104B.C.）到「星紀」，〈世經〉云：「《漢曆》太初元年，距上元十四萬三千一百二十七歲。前十一月甲子朔旦冬至，歲在星紀婺女六度，〈漢志〉曰：『歲名困敦。』」[24]

〈世經〉又云：「自漢元年訖更始二年，凡二百三十歲。」[25] 錢大昕以為：

> 按：光武建武元年，距上元十四萬三千二百五十五歲，滿歲星歲數去之，歲餘一千五百五十九，以百四十五乘之，得二十二萬六千五十五。滿百四十四而一，得積次一千五百六十九。以十二除積次，餘數九，從星紀起算外，則歲在壽星也。[26]

錢氏推得建武元年歲在壽星，不合於〈世經〉：「光武皇帝，

---

[24] 漢・班固撰，唐・顏師古注：《漢書》，卷 21 下，〈律曆志下〉，頁 1023。

[25] 漢・班固撰，唐・顏師古注：《漢書》，卷 21 下，〈律曆志下〉，頁 1024。

[26] 清・錢大昕：《廿二史考異》，上冊，卷 7，頁 124。案，錢氏採用〈歲術〉「推歲所在」的算法，詳見第七章的說明。

著紀以景帝後高祖九世孫受命中興復漢,改元曰建武,歲在鶉尾之張度。」²⁷錢大昕釋曰:「蓋以太初元年歲在星紀,距是歲一百二十八算,未盈超辰之限,故約略計之,以為當在鶉尾耳。」²⁸也就是說,始皇帝二十七年(220B.C.)由降婁超辰到大梁,經144年後,到第145年的昭帝元鳳六年(75B.C.)應該再超辰一次。²⁹這或許是劉歆以後學者補記時,遺漏了其間超辰的問題。案諸《漢書·王莽傳中》:「到于建國五年,……歲在壽星,填在明堂,倉龍癸酉」、「以始建國八年,歲纏星紀」、「更以天鳳七年,歲在大梁,倉龍庚辰,行巡狩之禮。厥明年,歲在實沈,倉龍辛巳」。始建國五年(13),歲在壽星;始建國八年即天鳳三年(16),歲在星紀;天鳳七年即地皇元年(20),歲在大梁;地皇二年(21),歲在實沈。《後

27　漢·班固撰,唐·顏師古注:《漢書》,卷21下,〈律曆志下〉,頁1024。
28　清·錢大昕:《廿二史考異》,上冊,卷7,頁124。
29　《漢書·律曆志上》:「後二十七年,元鳳三年,太史令張壽王上書言:『曆者天地之大紀,上帝所為。傳黃帝調律曆,漢元年以來用之。今陰陽不調,宜更曆之過也。』」於是昭帝下詔主曆使者鮮于妄人與治曆大司農中丞麻光等二十餘人鈞校諸曆凡十一家,經過三年,確定《太初曆》第一。「故曆本之驗在於天,自《漢曆》初起,盡元鳳六年,三十六歲,而是非堅定。」張壽王所以上書論曆,或許正是觀測到歲星超辰不與《太初曆》相合的問題。見漢·班固撰,唐·顏師古注:《漢書》,卷21上,〈律曆志上〉,頁978。

漢書・張純傳》載建武三十年（54）張純奏議云：「今攝提之歲，倉龍甲寅」，[30]歲在諏訾；以上都是超辰一次的正確紀年。據此推算，更始二年（24）歲在鶉尾，建武元年（25）正是歲在壽星。[31]

總結前述〈世經〉歲曆，從始皇帝二十七年到太初改曆，正是〈歲術〉「同次」的新法；從昭公三十二年到周顯王三年，相當於《石氏》「隔次」的舊法；周顯王四年到始皇帝二

---

[30] 南朝宋・范曄撰，唐・李賢注：《後漢書》，卷35，頁1197。

[31] 另外，《漢書・翼奉傳》載翼奉封事云：「今年太陰建於甲戌」，後言：「明年夏四月乙未，孝武園白鶴館災」。對照《漢書・元帝紀》，則災於初元三年（46B.C.），上封事於初元二年（47B.C.）也。由太初元年（104B.C.）歲在星紀、太歲在子起算，經元鳳六年若無超辰，則初元二年當歲在壽星，太歲在酉。如今封事太歲建戌，看似超辰後歲在大火、太歲在戌的結果。然錢穆云：「按：歆生年無考。成帝初即位，歆蓋弱冠，其年當較王莽稍長。」《漢書・五行志中之下》：「王莽生於元帝初元四年」，初元二年劉歆或剛出生，則翼奉所上封事不當有超辰之說。郜積意以為翼奉乃採《殷曆》，其太初元年，年名丁卯，後推至初元二年，正是甲戌。見漢・班固撰，唐・顏師古注：《漢書》，卷9，頁283-284；卷75，頁3173-3175；卷27中之上，頁1394。南朝宋・范曄撰，唐・李賢注：《後漢書》，卷35，頁1197；卷92中，頁3025-3026。錢穆：〈劉向歆父子年譜〉，《兩漢經學今古文平議》（臺北：東大圖書股份有限公司，1989），頁30。郜積意：〈齊詩「五際」說的「殷曆」背景——兼釋《漢書・翼奉傳》中的六情占〉，《臺大文史哲學報》第68期（2008年5月），頁1-38。

十六年,則是新舊之間歲星與日相鄰的過渡階段。僖公五年到昭公三十一年,當隔兩次;孝公七年(800B.C.)到僖公四年(656B.C.),當隔三次。其關係可條列如下表:

表5:〈世經〉春秋到西漢歲星與日相對位置表

隔三次:孝公七年(800B.C.)到僖公四年(656B.C.)
隔兩次:僖公五年(655B.C.)到昭公三十一年(511B.C.)
隔次:昭公三十二年(510B.C.)到周顯王三年(366B.C.)
鄰次:周顯王四年(365B.C.)到始皇帝二十六年(221B.C.)
同次:始皇帝二十七年(220B.C.)到昭帝元鳳五年(76B.C.)

新城新藏指出,《國語》、《左傳》的歲曆記錄符合西元前370年左右的實際天象。這個時段,差不多落在昭公三十二年到周顯王三年《石氏》舊法的「隔次」區間。這至少代表兩種可能:其一,〈世經〉所引的《國語》、《左傳》可能作於《石氏》舊法時代,此為新城新藏的主張。[32]其二,後世可按

---

[32] 以上詳見新城新藏撰,沈璿譯:《東洋天文學史研究》,頁418-424。關於《石氏》、《甘氏》的時代,李約瑟(Joseph Needham)亦以為石申、甘德與孟子同時,孟子生卒年為西元前390-338年,和新城新藏推斷時代相合。參見李約瑟(Joseph Needham)原著,柯林‧羅南(Colin A. Ronan)改編,上海交通大學科學史系譯:《中華科學文明史(第二卷)》(上海:上海人民

《石氏》舊法偽造歲星記錄,再設法插入昭公三十一年以前、尚未超至《石氏》舊法的古史記錄中;於是成為明明照劉歆每 144 年一超辰,僖公五年到昭公三十一年歲星與日當「隔兩次」,實際天象卻符合《石氏》「隔次」時期的狀況。

從商湯伐桀到太初元年,在劉歆每 144 年一超辰的推法下,貫通上下 1648 年,並與《國語》、《左傳》中的歲曆記錄,若合符節,算無遺策,即邊韶所謂「驗之《春秋》,少有闕謬」,屬於經學家造曆以合經的治學立場。若從天文家來說,尚書令忠批評:「及向子歆欲以合《春秋》,橫斷年數,損夏益周,考之表紀,差謬數百。」便對〈世經〉的巨大誤差直言不諱。南朝宋祖沖之云:「案歲星之運,年恒過次,行天七帀,輒超一位。」[33]若以古代 12 年歲星公轉周期計算,「七帀」為 7×12＝84,即每 84 年一超辰,接近 85.7 年的周期,成功校正劉歆的推算數值。唐代一行試圖緩頰,《新唐書‧曆志三下》記其《大衍曆‧五星議》云:

歲星自商、周迄春秋之季,率百二十餘年而超一次。戰國後其行寖急,至漢尚微差,及哀、平間,餘勢乃盡,

出版社,2002),頁 87。錢穆:《先秦諸子繫年》(臺北:東大圖書股份有限公司,1999),頁 617。

[33] 南朝梁‧沈約:《宋書》(北京:中華書局,1997),卷 13,〈律曆志下〉,頁 315。

更八十四年而超一次，因以為常。此其與餘星異也。[34]

一行一方面肯定祖沖之校正的 84 年超辰數值，另方面承認劉歆每 120 年以上一超辰的主張，進而以歲星長期運動由慢轉快的說法，折衷古今歲星超辰周期的差異。[35]只是一行的主張，悖離現代天文學常識，完全無法成立。[36]既然驗算每 144 年一超辰的〈世經〉歲曆後，發現這種可合於經卻不合於天、可驗之《春秋》卻違背實測歲星每 85.7 年一超辰的矛盾，站在科學立場上，就不得不回頭質疑《國語》、《左傳》中這些合於〈歲術〉推算的相關材料。

---

[34] 宋・歐陽修、宋祁：《新唐書》（北京：中華書局，1997），卷 27 下，頁 628。

[35] 錢大昕亦云：「古法歲星百四十四年而行百四十五次，是為超辰之率。漢以後歲星之行漸速。」並舉《漢書》、《三國志》中的歲星紀年證明。見清・錢大昕：〈歲星超辰〉，《十駕齋養新錄》，卷 17，頁 370。

[36] 參見江曉原、鈕衛星：《回天——武王伐紂與天文歷史年代學》，頁 157-158。

四、歲曆記事與《史記》

　　飯島忠夫考察《左傳》,同樣發現其中歲曆記錄,完全吻合《三統曆》每 144 年一超辰的周期,據此證明《左傳》是劉歆偽作。不過,飯島忠夫主張《太初曆》是受希臘曆法影響而成;紀年根據歲星運動,以 60 年為一周期(即「一甲子」),亦是外國傳來的智識。劉歆《三統曆》是以《周易》數理對《太初曆》進行修正的成果。[1]因此前引新城新藏撰文反駁,主張相關曆法均是原生於戰國時代(約 365B.C.-330B.C.)的中國本土,《國語》、《左傳》亦作於同時,非漢人偽造。[2]中國古代曆法是本土還是外來?因無關本書宏旨,不予置評。[3]至於《國語》、《左傳》真偽,飯島、新城

---

[1] 詳見飯島忠夫:〈漢代の曆法より見たる左伝の偽作(第一回)〉,《東洋學報》第 2 卷第 1 号(1912 年 1 月),頁 28-57。
飯島忠夫:〈漢代の曆法より見たる左伝の偽作(第二回)〉,《東洋學報》第 2 卷第 2 号(1912 年 5 月),頁 181-210。
[2] 詳見新城新藏撰,沈璿譯:《東洋天文學史研究》,頁 369-451。
[3] 兩氏的爭論,可略見飯島忠夫:〈支那天文学の成立について:新城博士の駁論に答える〉,《東洋學報》第 15 卷第 4 号(1926 年 8 月),頁 551-576。

二氏的盲點,在於都視《國語》、《左傳》為兩部完整的書籍,一處偽全書偽,一處真全書真,沒有考慮到古籍流傳過程中,可能發生增減的情形。[4]案《史記·十二諸侯年表》:

> 太史公讀《春秋》曆譜諜,至周厲王,未嘗不廢書而歎也。……魯君子左丘明懼弟子人人異端,各安其意,失其真,故因孔子史記具論其語,成《左氏春秋》。……於是譜十二諸侯,自共和訖孔子,表見《春秋》、《國語》學者所譏盛衰大指著于篇。[5]

---

[4] 前述飯島忠夫兩篇論文指出,劉歆為了將《三統曆》及同期新說置入孔子《春秋》,於是攙雜春秋時期的史實,編撰出《左氏傳》,以宣傳自家學說。這個主張,多少沿襲康有為《新學偽經考》的思路。對此,錢穆作〈劉向歆父子年譜〉,指出康說不可通的 28 端,足以論定西漢劉歆以前,已有《左傳》流傳,絕非劉歆偽作。其後飯島忠夫略加調整,得到《左傳》作於戰國中期,至劉歆攙入歲星、朔旦冬至等《三統曆》法的結論。另外,劉坦亦主張《左傳》、《國語》所記超辰年數,與《三統曆》歲星紀年相通,證明其為劉歆偽託羼亂。兩氏所論與本書主張同歸而途略殊,讀者可以參看。見錢穆:〈劉向歆父子年譜自序〉、〈劉向歆父子年譜〉,《兩漢經學今古文平議》,頁 1-7、1-163。飯島忠夫:《支那曆法起源考》(東京:第一書房,1979),頁 135-152、361-382。劉坦:《中國古代之星歲紀年》,頁 129-134。

[5] 漢·司馬遷撰,南朝宋·裴駰集解,唐·司馬貞索隱、張守節正義:《史記》,卷 14,頁 509-511。

可知司馬遷親睹《左傳》、《國語》，並為撰著《史記》的重要參考。何幼琦留意到〈世經〉隱公以前的魯公紀年，往往稱引「世家」。與《史記‧魯周公世家》相較，煬公、獻公、武公出入甚大，積年相差 83 年。諸公之間，〈世經〉屢次提到相距 76 歲的年份。[6]據《三統曆》，十九年七閏等於「章月二百三十五」，[7]陳厚耀云：「四章為一蔀，復得朔旦冬至。」[8]經過 1 蔀 4 章 76 年的周期，冬至又回到朔旦的那一天。由此，劉歆將多出來的 83 年，增減到煬公、獻公、武公紀年之中，以合於《三統曆》每 76 年朔旦冬至的推算。這就表示，劉歆在〈世經〉中改動《史記》紀年以證成其《三統曆》。[9]如今

---

[6] 詳見何幼琦：〈西周時期的魯國紀年〉，收入朱鳳瀚、張榮明編：《西周諸王年代研究》（貴陽：貴州人民出版社，1998），頁 224-228。關於《三統曆》的推算，可參考陳遵媯：《中國天文學史》，中冊，頁 1029-1030。案，〈世經〉紀煬公 60 年、獻公 50 年、武公 2 年，《史記‧魯周公世家》依序為 6 年、32 年、10 年。見漢‧司馬遷撰，南朝宋‧裴駰集解，唐‧司馬貞索隱、張守節正義：《史記》，卷 33，頁 1525-1527。漢‧班固撰，唐‧顏師古注：《漢書》，卷 21 下，〈律曆志下〉，頁 1017-1018。

[7] 漢‧班固撰，唐‧顏師古注：《漢書》，卷 21 下，〈律曆志下〉，頁 991。

[8] 清‧陳厚耀撰，郜積意點校：《春秋長曆》，收入《春秋長曆二種》（北京：中華書局，2021），中冊，卷 2，頁 267。

[9] 郜積意稱此種不可用曆術還原的改動為「臆改」，與改動《春秋》日食日期干支可用曆術還原的「曆改」不同。見郜積意：《兩漢經

前章驗算已經證明：〈世經〉所引《左傳》、《國語》歲曆記事，完全符合劉歆144年的超辰周期。因此，取其歲曆記事與《史記》比對，或可窺其虛實。

《史記‧太史公自序》敘其家族：「司馬氏世典周史」、「太史公學天官於唐都」、「太史公既掌天官，不治民。有子曰遷」，[10]世代典掌天官。司馬遷既作〈曆書〉、〈天官書〉，又奉詔參與太初改曆，[11]堪稱西漢天文曆學專家。不僅前文列舉〈天官書〉整套星法，在古代星象方面，像是〈十二諸侯年表〉、〈宋微子世家〉記宋國熒惑守心，[12]〈天官書〉

學的曆術背景》，頁 121。當然，還是有學者以《史記‧魯周公世家》紀年沒有隨〈世經〉而改，或劉歆奉詔整理宮中藏書，可能見到司馬遷未見材料，故未必篡改《史記》。參見江曉原、鈕衛星：《回天──武王伐紂與天文歷史年代學》，頁 168。

[10] 漢‧司馬遷撰，南朝宋‧裴駰集解，唐‧司馬貞索隱、張守節正義：《史記》，卷 130，頁 3285、3288、3293。

[11] 《漢書‧律曆志上》：「遂詔卿、遂、遷與侍郎尊、大典星射姓等議造《漢曆》。」見漢‧班固撰，唐‧顏師古注：《漢書》，卷 21 上，〈律曆志上〉，頁 975。

[12] 《史記‧宋微子世家》記宋景公「三十七年，楚惠王滅陳。熒惑守心。心，宋之分野也。景公憂之。司星子韋曰：『可移於相。』景公曰：『相，吾之股肱。』曰：『可移於民。』景公曰：『君者待民。』曰：『可移於歲。』景公曰：『歲饑民困，吾誰為君！』子韋曰：『天高聽卑。君有君人之言三，熒惑宜有動。』於是候之，果徙三度。」宋景公三十七年即魯哀公十五年（480B.C.）。黃一農研究指出，歷代文獻中的 23 次「熒惑守心」記錄，竟有 17 次不

記秦始皇到武帝元狩年間的各種變異天象,及其所占驗大事,[13]可知司馬遷對天文曆法的熟知與重視。然而,遍翻整部《史記》,卻找不到任何關於十二星次的記錄。[14]唯一相近者,只

曾發生,宋景公此次亦在 17 次當中。不過劉次沅、吳立旻從記憶誤差、傳鈔錯誤、「守」字定義模糊等角度,重新理解古代天文記錄的內涵。以為宋景公時的「熒惑守心」,只是異乎尋常地特別接近,當屬「熒惑犯心」,惟古人並不嚴格分辨「守」、「犯」之間的區別,故成此說。據 Stellarium23.4 星象軟體還原,從西元前 480 年 12 月 1 日左右,熒惑由角宿附近向心宿移動,大約在同年 12 月 31 日入亢宿。西元前 479 年 1 月 31 日入氐宿,3 月 4 日左右逆行,從氐宿離開心宿,4 月 30 日接近亢宿。《史記》言:「果徙三度」,《呂氏春秋·制樂》則云:「果徙三舍」,從心宿經氐宿到亢宿,正是三舍。熒惑雖未真正守心,然就當時熒惑先接近心宿,因景公之言,於是離開到亢宿的運動軌跡,可知此天象記錄的可信度甚高。見漢·司馬遷撰,南朝宋·裴駰集解,唐·司馬貞索隱、張守節正義:《史記》,卷14,頁 680;卷38,頁 1631。陳奇猷:《呂氏春秋校釋》(臺北:華正書局有限公司,1988),上冊,卷6,頁 347-348。黃一農:〈星占、事應與偽造天象:以「熒惑守心」為例〉,《自然科學史研究》第 10 卷第 2 期(1991 年),頁 120-132。劉次沅、吳立旻:〈古代「熒惑守心」記錄再探〉,《自然科學史研究》第 27 卷第 4 期(2008 年),頁 507-520。Stellarium23.4 的設定,輸入「0」即「1 B.C.」,「−1」即「2 B.C.」,其餘依此類推。觀測地點定於宋國商丘(今河南省商丘市 34°24′53″N 115°39′21″E)。

[13] 見漢·司馬遷撰,南朝宋·裴駰集解,唐·司馬貞索隱、張守節正義:《史記》,卷27,頁 1348-1349。

[14] 成書較早的馬王堆帛書《五星占》、《淮南子》亦是如此。

有《史記‧鄭世家》：

> 二十五年，鄭使子產於晉，問平公疾。平公曰：「卜而曰實沈、臺駘為祟，史官莫知，敢問？」對曰：「高辛氏有二子，長曰閼伯，季曰實沈，居曠林，不相能也，日操干戈以相征伐。后帝弗臧，遷閼伯于商丘，主辰，商人是因，故辰為商星。遷實沈于大夏，主參，唐人是因，服事夏、商，其季世曰唐叔虞。當武王邑姜方娠大叔，夢帝謂己：『余命而子曰虞，乃與之唐，屬之參而蕃育其子孫。』及生有文在其掌曰『虞』，遂以命之。及成王滅唐而國大叔焉。故參為晉星。由是觀之，則實沈，參神也。」[15]

其典出自《左傳‧昭公元年》：

> 晉侯有疾，鄭伯使公孫僑如晉聘，且問疾。叔向問焉，曰：「寡君之疾病，卜人曰『實沈、臺駘為祟』，史莫之知。敢問此何神也？」子產曰：「昔高辛氏有二子，伯曰閼伯，季曰實沈，居于曠林，不相能也，日尋干

---

[15] 漢‧司馬遷撰，南朝宋‧裴駰集解，唐‧司馬貞索隱、張守節正義：《史記》，卷42，頁1772。

戈,以相征討。后帝不臧,遷閼伯于商丘,主辰。商人是因,故辰為商星。遷實沈于大夏,主參,唐人是因,以服事夏、商。其季世曰唐叔虞。當武王邑姜方震大叔,夢帝謂己:『余命而子曰虞,將與之唐,屬諸參,而蕃育其子孫。』及生,有文在其手曰虞,遂以命之。及成王滅唐,而封大叔焉,故參為晉星。由是觀之,則實沈,參神也。」[16]

文中提到「實沈」,但作人名、神名。杜預云:「辰,大火也。」[17]相對於晉星專指「參宿」,而非星次「實沈」,則「辰為商星」,商星「大火」亦當特稱「心宿」,是為星宿之名,所謂「動如參與商」是也。可知子產所言「實沈」、「大火」,俱不作十二星次解釋。且閼伯、實沈遷於商丘、大夏,在高辛氏時期。前引〈世經〉:「三統,上元至伐桀之歲,十四萬一千四百八十歲,歲在大火房五度,故《傳》曰:『大火,閼伯之星也,實紀商人。』」大火不僅用作氐、房、心三宿的星次,還能準確指出在「房五度」,據「表 3」恰好在大火之「中」。劉歆以此紀商湯伐桀之年,其轉譯改造之跡,甚

---

[16] 晉・杜預集解,唐・孔穎達正義:《春秋左傳正義》(臺北:藝文印書館,1997),卷 41,頁 705-706。

[17] 晉・杜預集解,唐・孔穎達正義:《春秋左傳正義》,卷 41,頁 705。

為明顯。

其餘《左傳》、《國語》的春秋時期歲曆紀年，可製一簡表如下：

表 6：《左傳》、《國語》春秋歲曆紀年表

星次		星紀	玄枵	諏訾	降婁	大梁	實沈	鶉首	鶉火	鶉尾	壽星	大火	析木
春秋紀年	僖33					23	24				16	5	
	文18												
	宣18												
	成18												
	襄31	28		30	31								
	昭32	9 32	10	11		13							8

「表 6」以十二星次為綱，因《左傳》、《國語》記歲在某次，始見於僖公五年，最晚則是昭公三十二年，故左側欄位記僖公到昭公 6 位魯公在位年數，方便連續推算。右側數字代表某公某年，數字從最小開始，向右算到大；若算盡該公在位年數，便向下起於新君元年。例如昭公一欄最小數字是「8」，表示昭公八年（534B.C.）歲在析木，由此往下數，「9」是昭

公九年（533B.C.）歲在星紀，「10」是昭公十年（532B.C.）歲在玄枵，「11」是昭公十一年（531B.C.）歲在娵訾，「13」是昭公十三年（529B.C.）歲在大梁；「32」是昭公三十二年（510B.C.）原本當歲在析木，因超辰而歲在星紀，其餘依此類推。表中除了「僖公五年」、「昭公九年」較為特殊，留待後文專章分曉，以下按照年代先後，依序比對《史記》與《左傳》、《國語》記事異同。

（一）僖公十六年

僖公十六年（644B.C.），重耳處狄 12 年而行，過衛國五鹿，此事於《左傳・僖公二十三年》追敘云：

> 過衛，文公不禮焉。出於五鹿，乞食於野人，野人與之塊。公子怒，欲鞭之。子犯曰：「天賜也。」稽首受而載之。[18]

《史記・晉世家》：

> 過衛，衛文公不禮。去，過五鹿，飢而從野人乞食，野

---

[18] 晉・杜預集解，唐・孔穎達正義：《春秋左傳正義》，卷 15，頁 251。

人盛土器中進之。重耳怒。趙衰曰:「土者,有土也,君其拜受之。」[19]

兩者除子犯、趙衰的差別外,敘事基本相同。惟《國語·晉語四》:

乃行,過五鹿,乞食於野人。野人舉塊以與之,公子怒,將鞭之。子犯曰:「天賜也。民以土服,又何求焉!天事必象,十有二年,必獲此土。二三子志之。歲在壽星及鶉尾,其有此土乎!天以命矣,復於壽星,必獲諸侯。天之道也,由是始之。有此,其以戊申乎!所以申土也。」再拜稽首,受而載之。遂適齊。[20]

野人舉塊與之,象徵天賜其土,民以土服,實為人事吉兆,何來「天事必象」之有?即便勉強說舉塊與之,可據戊屬土的五行說推「戊申所以申土」,但「十有二年,必獲此土」、「歲在壽星及鶉尾,其有此土乎」、「天以命矣,復於壽星,必獲諸侯」的時間預言,除了《左傳·僖公二十八年》:「正月戊

19　漢·司馬遷撰,南朝宋·裴駰集解,唐·司馬貞索隱、張守節正義:《史記》,卷39,頁1657-1658。
20　周·左丘明撰,吳·韋昭注:《國語》(臺北:漢京事業文化有限公司,1983),卷10,頁338-339。

申,取五鹿」、「盟于踐土」[21]的後見之明外,其12年的年數又是從何而來?巧合的是,前引〈世經〉:

> 後十二年,僖之十六歲,歲在壽星。故《傳》曰:「重耳處狄十二年而行,過衛五鹿,乞食於壄人,壄人舉凷而與之。子犯曰:『天賜也,<u>後十二年,必獲此土。歲復於壽星,必獲諸侯。</u>』」

異於《左傳》、《史記》僅記乞食野人一事,〈世經〉同於《國語・晉語四》,畫線處亦以星次推算。其間差異,恐怕不只是記錄詳略的問題。

(二)僖公二十三、二十四年

《國語・晉語四》:

> 董因迎公于河,公問焉,曰:「吾其濟乎?」對曰:「歲在大梁,將集天行。元年始受,實沈之星也。實沈之墟,晉人是居,所以興也。今君當之,無不濟矣。君之行也,歲在大火。大火,閼伯之星也,是謂大辰。

---

[21] 晉・杜預集解,唐・孔穎達正義:《春秋左傳正義》,卷16,頁268、270。

> 《瞽史記》曰：『嗣續其祖，如穀之滋，必有晉國。』……且以辰出而以參入，皆晉祥也，而天之大紀也。」[22]

韋昭注曰：「歲在大梁，謂魯僖二十三年，歲星在大梁之次也。集，成也。行，道也。言公將成天道也。……元年，謂文公即位之年。魯僖二十四年，歲星去大梁，在實沈之次。」[23] 此段《史記》乃至於他書均未聞見。

（三）襄公二十八年到三十一年

《左傳·襄公二十八年》：

> 梓慎曰：「今茲宋、鄭其饑乎！歲在星紀，而淫於玄枵。以有時菑，陰不堪陽。蛇乘龍。龍，宋、鄭之星也。宋、鄭必饑。玄枵，虛中也。枵，耗名也。土虛而民耗，不饑何為？」[24]

---

[22] 周·左丘明撰，吳·韋昭注：《國語》，卷10，頁365。
[23] 周·左丘明撰，吳·韋昭注：《國語》，卷10，頁366。
[24] 晉·杜預集解，唐·孔穎達正義：《春秋左傳正義》，卷38，頁650-651。

《左傳・襄公三十年》：

> 於子蟜之卒也，將葬，公孫揮與裨竈晨會事焉。過伯有氏，其門上生莠。子羽曰：「其莠猶在乎？」於是歲在降婁，降婁中而旦。裨竈指之曰：「猶可以終歲，歲不及此次也已。」及其亡也，歲在娵訾之口，其明年乃及降婁。[25]

此兩段《史記》乃至於他書均未聞見。唯獨前引〈世經〉：

> （襄公）二十八年距辛亥百一十歲，歲在星紀，故《經》曰：「春無冰。」《傳》曰：「歲在星紀，而淫於玄枵。」三十年歲在娵訾。三十一年歲在降婁。

郜積意以為《左傳・襄公二十八年》：「歲在星紀，而淫於玄枵」，是年當「歲在玄枵」，與〈世經〉的「歲在星紀」不合，且在襄公二十八年到昭公三十二年的 35 年間，《左傳》竟有兩次超辰，說明《左傳》歲星超辰記錄凌亂，不屬〈世

---

[25] 晉・杜預集解，唐・孔穎達正義：《春秋左傳正義》，卷 40，頁 683。

經〉系統。[26]然而,若《左傳》以襄公二十八年為超辰,其後歲曆當由此年開始到昭公三十二年前全部往後一個星次。前引《左傳・襄公三十年》記良霄伯有之卒,明言:「及其亡也,歲在娵訾之口,其明年乃及降婁。」併觀兩處《左傳》,猶當是襄公二十八年(545B.C.)歲在星紀,二十九年(544B.C.)歲在玄枵,三十年(543B.C.)歲在娵訾,三十一年(542B.C.)歲在降婁。因此,就歲曆紀年而言,「歲在星紀,而淫於玄枵」,只是似有還無的籠統說法,並非真的超辰。以星象觀測來說,誠如莊雅州指出,行星視運動的不均勻,也可能產生遲疾贏縮等狀況,[27]亦即《史記・天官書》言歲星「趨舍而前曰贏,退舍曰縮」[28]是也。例如同在《左傳・襄公二十八年》,裨竈亦曰:「歲棄其次而旅於明年之次,以害鳥帑,周楚惡之。」[29]〈歲術〉釋云:「五星之贏縮不是過也。過次者殃大,過舍者災小,不過者亡咎。」[30]可知對於《左傳》、劉歆

---

[26] 見郜積意:《兩漢經學的曆術背景》,頁110。
[27] 詳見莊雅州:〈左傳天文史料析論(上)(下)〉,《中正中文學報年刊》第3期(2000年9月),頁115-163。
[28] 漢・司馬遷撰,南朝宋・裴駰集解,唐・司馬貞索隱、張守節正義:《史記》,卷27,頁1312。
[29] 晉・杜預集解,唐・孔穎達正義:《春秋左傳正義》,卷38,頁653。
[30] 漢・班固撰,唐・顏師古注:《漢書》,卷21下,〈律曆志下〉,頁1005;卷100,頁4208。

來說，贏縮、超辰是兩種不同的歲星運動現象，亦均未將此年「淫於玄枵」視作超辰，這不過是歲星在視運動疾行狀態下所造成的短暫「過次」罷了。[31]

（四）昭公八年

《左傳·昭公八年》：

> 晉侯問於史趙曰：「陳其遂亡乎？」對曰：「未也。」公曰：「何故？」對曰：「陳，顓頊之族也，<u>歲在鶉火，是以卒滅，陳將如之。今在析木之津，猶將復由</u>。且陳氏得政于齊，而後陳卒亡。自幕至于瞽瞍，無違命，舜重之以明德，寘德於遂，遂世守之。及胡公不淫，故周賜之姓，使祀虞帝。臣聞盛德必百世祀，虞之世數未也，繼守將在齊，其兆既存矣。」[32]

《史記·陳杞世家》：

---

[31] 高平子則以為行星贏縮所造成「失次」者，「謂行度不合法則也，其實祇是推算有未精耳。」考慮到古代推算、觀測技術的水準，其說亦不無可能。見高平子：《史記天官書今註》（臺北：中華叢書編審委員會，1965），頁35。

[32] 晉·杜預集解，唐·孔穎達正義：《春秋左傳正義》，卷44，頁770。

晉平公問太史趙曰:「陳遂亡乎?」對曰:「陳,顓頊之族。陳氏得政於齊,乃卒亡。自幕至于瞽瞍,無違命。舜重之以明德。至於遂,世世守之。及胡公,周賜之姓,使祀虞帝。且盛德之後,必百世祀。虞之世未也,其在齊乎?」[33]

《史記》並未提及《左傳》畫線段落。前引〈世經〉卻有:「昭公八年歲在析木。」

(五) 昭公十年

《左傳・昭公十年》:

十年,春,王正月,有星出于婺女。鄭裨竈言於子產曰:「七月戊子,晉君將死。今茲歲在顓頊之虛,姜氏任氏,實守其地,居其維首,而有妖星焉,告邑姜也。邑姜,晉之妣也。天以七紀。戊子,逢公以登星斯於是乎出,吾是以識之。」[34]

---

[33] 漢・司馬遷撰,南朝宋・裴駰集解,唐・司馬貞索隱、張守節正義:《史記》,卷36,頁1657-1658。

[34] 晉・杜預集解,唐・孔穎達正義:《春秋左傳正義》,卷45,頁782。

前引〈世經〉：「十年歲在顓頊之虛，玄枵也。」根據〈歲術〉，「玄枵」之次「初婺女八度，中危初，終於危十五度。」《淮南子‧天文》：「須女、虛、危，齊。」[35]妖星出於婺女，為齊姜分野，居然最終是晉君薨歿。杜預只能曲折解釋：「逢公，殷諸侯，居齊地者。逢公將死，妖星出婺女，時非歲星所在，故齊自當禍，而以戊子日卒。」[36]而昭公十年，恰好「歲在顓頊之虛」，屬齊分野。《史記‧天官書》：「歲星贏縮，以其舍命國。所在國不可伐，可以罰人」，[37]故可化險為夷，而應於邑姜子嗣，也就是唐叔虞所屬晉國。[38]其實，昭公十年即晉平公二十六年，《史記‧十二諸侯年表》僅記「春，有星出婺女。七月，公薨。」[39]天象與公薨之間，只是發生在同年，兩者未必有關。

---

[35] 劉文典：《淮南鴻烈集解》，上冊，卷3，頁122。案，原作「虛、危，齊。」校改詳見後文。

[36] 晉‧杜預集解，唐‧孔穎達正義：《春秋左傳正義》，卷45，頁782。案，以逢公戊午卒，占晉平公同日薨，顧炎武稱作「以日同為占」。見清‧顧炎武撰，張京華校釋：《日知錄校釋》（長沙：岳麓書社，2011），卷5，頁188。

[37] 漢‧司馬遷撰，南朝宋‧裴駰集解，唐‧司馬貞索隱、張守節正義：《史記》，卷27，頁1312。

[38] 杜預注云：「邑姜，齊大公女，晉唐叔之母。」見晉‧杜預集解，唐‧孔穎達正義：《春秋左傳正義》，卷45，頁782。

[39] 漢‧司馬遷撰，南朝宋‧裴駰集解，唐‧司馬貞索隱、張守節正義：《史記》，卷14，頁651；卷38，頁1631。

（六）昭公十一、十三年

《左傳·昭公十一年》：

景王問於萇弘曰：「今茲諸侯何實吉？何實凶？」對曰：「蔡凶。此蔡侯般弒其君之歲也，歲在豕韋，弗過此矣。楚將有之，然壅也。歲及大梁，蔡復，楚凶，天之道也。」[40]

《左傳·襄公十八年》孔穎達正義云：「豕韋一名娵訾。」[41] 兩年後便歲及「大梁」。此段《史記》乃至於他書均未聞見。

（七）昭公三十二年

《左傳·昭公三十二年》：

夏，吳伐越，始用師於越也。史墨曰：「不及四十年，

---

[40] 晉·杜預集解，唐·孔穎達正義：《春秋左傳正義》，卷45，頁785。

[41] 晉·杜預集解，唐·孔穎達正義：《春秋左傳正義》，卷33，頁579。

越其有吳乎？越得歲而吳伐之，必受其凶。」[42]

昭公三十二年即吳王闔廬五年，《史記‧吳太伯世家》只記：「伐越，敗之。」[43]前引〈世經〉卻據《左傳》以證其 144 年「盈一次矣」，於是從「析木」超辰到「星紀」。據「表3」，「星紀」宿次在「斗、牽牛」，《淮南子‧天文》：「斗、牽牛，越。須女，吳。」[44]故曰：「越得歲」。對此，王引之云：

> 諸書無言斗但主越，須女但主吳者。「斗、牽牛，越。須女，吳。」當作「斗、牽牛、須女，吳、越。」[45]

前引《淮南子‧天文》：「太陰在四仲，則歲星行三宿。」太歲在「四仲」之「卯」，歲星行「婺女、虛、危」三宿，據此當作「斗、牽牛，越、吳。須女、虛、危，齊。」為確。[46]換

---

[42] 晉‧杜預集解，唐‧孔穎達正義：《春秋左傳正義》，卷 15，頁 251。

[43] 漢‧司馬遷撰，南朝宋‧裴駰集解，唐‧司馬貞索隱、張守節正義：《史記》，卷 31，頁 1466。

[44] 劉文典：《淮南鴻烈集解》，上冊，卷 3，頁 122。

[45] 清‧王念孫：《讀書雜志》，下冊，卷 9-3，頁 799。案，此條言「引之曰」，知是王引之所說。

[46] 《晉書‧天文志》即云：「自南斗十二度至須女七度為星紀，於辰

句話說,「星紀」宿次「斗、牽牛」,同為吳、越分野,當是吳、越兩國皆得歲,非僅「越得歲」。是以杜預只能云:「此年歲在星紀。星紀,吳、越之分也。歲星所在,其國有福。吳先用兵,故反受其殃。」[47]

　　總結而論,以上列舉各筆歲曆紀年,不是像(二)、(三)、(六)整段未見《史記》引用,就是如(一)、(四)、(五)、(七)在《史記》引述《左傳》、《國語》之中,穿插一段可有可無、完全不影響事件始末的對話。若說司馬遷作《史記》,對史料有所取捨,怎麼這麼剛好唯一保留子產所論,卻不作星次解釋的實沈、大火,刪除的全是關於十二星次的紀年記錄?同時除了〈世經〉以外,無論整段或穿插,全都沒有任何劉歆以前先秦到西漢的其他典籍提及。職此可見,這些刻意插入的記錄,極有可能是劉歆杜撰,目的在於「轉相發明」,以證明其歲曆可與《春秋》相合,為一套準確無誤的有效曆法。

　　在丑,吳、越之分野,屬揚州。自須女八度至危十五度為玄枵,於辰在子,齊之分野,屬青州。」對比「表 1」,星次、距度均和〈歲術〉相同。見唐・房玄齡等撰:《晉書》(北京:中華書局,1997),卷 11,頁 308。

[47] 晉・杜預集解,唐・孔穎達正義:《春秋左傳正義》,卷 15,頁 251。

五、春秋歲曆的定位點：僖公五年

　　盱衡整個春秋時期，僖公五年（655B.C.）的天文資料相當豐富。惟其中真偽攙雜，有待詳細考辨。首先，前文提到何幼琦發現〈世經〉屢次記錄 1 蔀 4 章 76 年朔旦冬至的周期，可惜只排到魯孝公、惠公，隱公以後省略不提。〈世經〉續云：

> 僖公五年正月辛亥朔旦冬至，《殷曆》以為壬子，距成公七十六歲。
> 成公十二年正月庚寅朔旦冬至，《殷曆》以為辛卯，距定公七年七十六歲。
> 定公七年正月己巳朔旦冬至，《殷曆》以為庚午，距元公七十六歲。
> 元公四年正月戊申朔旦冬至，《殷曆》以為己酉，距康公七十六歲。
> 康公四年正月丁亥朔旦冬至，《殷曆》以為戊子，距緡公七十六歲。
> 緡公二十二年正月丙寅朔旦冬至，《殷曆》以為丁卯，

距楚元七十六歲。

（高祖）八年十一月乙巳朔旦冬至，楚元三年也。故《殷曆》以為丙午，距元朔七十六歲。

元朔六年十一月甲申朔旦冬至，《殷曆》以為乙酉，距初元七十六歲。

元帝初元二年十一月癸亥朔旦冬至，《殷曆》以為甲子，以為紀首。[1]

---

[1] 漢・班固撰，唐・顏師古注：《漢書》，卷 21 下，〈律曆志下〉，頁 1019-1023。錢大昕以為春秋時已有文公，疑〈世經〉作繻公為是。見清・錢大昕：《廿二史考異》，上冊，卷 4，頁 48。《史記・魯周公世家》裴駰《集解》引徐廣曰：「自悼公以下盡與劉歆〈曆譜〉合，而反違〈年表〉，未詳何故？」王鳴盛云：「今考之：平公，〈世家〉二十二年卒，若依〈年表〉，當十九年，其餘俱合，無違反者。」徵諸《史記・魯周公世家》，哀公以下在位年數依序是：哀公 27 年、悼公 37 年、元公 21 年、穆公 33 年、共公 22 年、康公 9 年、景公 29 年、平公 20 年、文公（即繻公）23 年、頃公 24 年。《史記・十二諸侯年表》終於哀公十八年（477B.C.）亦言哀公「二十七卒」。然查《史記・六國年表》，哀公卒於楚惠王二十二年（467B.C.），則哀公共 28 年。悼公元年是周定王三年（466B.C.），卒於周考王十二年（429B.C.），共 38 年。元公元年是周考王十三年（428B.C.），卒於周威烈王十八年（408B.C.），共 21 年。穆公元年是周威烈王十九年（407B.C.），卒於周安王十八年（377B.C.），共 31 年。共公元年是周安王十九年（376B.C.），卒於周顯王十六年（353B.C.），共 24 年。康公元年是周顯王十七年（352B.C.），卒於周顯王二十五年

《左傳‧僖公五年》：「春，王正月辛亥朔，日南至。」杜預注：「周正月，今十一月。冬至之日，日南極。」[2]此乃《左傳》所記，春秋時期第一個朔旦冬至，可證《三統曆》推算正確。[3]陳厚耀云：「按《漢書‧律曆志》據此僖公五年正月朔旦冬至，以為一蔀之首。故考《春秋》曆者皆緣此溯前推後，以知《春秋》二百四十二年之曆。」[4]是以僖公五年為考證《春秋》曆法的標準年。

（344B.C.），共 9 年。景公元年是周顯王二十六年（343B.C.），卒於周慎靚王六年（315B.C.），共 29 年。平公元年是周赧王元年（314B.C.），卒於周赧王十九年（296B.C.），共 19 年。文公（即緡公）元年是周赧王二十年（295B.C.），卒於周赧王四十二年（273B.C.），共 23 年。頃公元年是周赧王四十三年（272B.C.），卒於秦莊襄王元年（249B.C.），共 24 年。元公、康公、景公、緡公、頃公，〈世家〉、〈年表〉相合，其餘均有出入，王氏誤。〈世經〉據〈世家〉推算，非〈年表〉。見漢‧司馬遷撰，南朝宋‧裴駰集解，唐‧司馬貞索隱、張守節正義：《史記》，卷 33，頁 1544-1548；卷 15，頁 687-749。清‧王鳴盛：《十七史商榷》（上海：上海書店出版社，2005），卷 4，頁 26。

2　晉‧杜預集解，唐‧孔穎達正義：《春秋左傳正義》，卷 12，頁 205。

3　當然，按照飯島忠夫的思路，這反而是劉歆偽作《左傳》的證據。見飯島忠夫：〈漢代の曆法より見たる左伝の偽作（第二回）〉，頁 181-210。

4　清‧陳厚耀撰，郜積意點校：《春秋長曆》，收入《春秋長曆二種》，中冊，卷 4，頁 436。

其次,《左傳·僖公五年》記錄晉獻公伐虢國的天象:

> 八月甲午,晉侯圍上陽。問於卜偃曰:「吾其濟乎?」對曰:「克之。」公曰:「何時?」對曰:「童謠云:『丙之晨,龍尾伏辰。均服振振,取虢之旂。鶉之賁賁,天策焞焞。火中成軍,虢公其奔。』其九月、十月之交乎?丙子旦,日在尾,月在策,鶉火中,必是時也。」冬,十二月丙子朔,晉滅虢。[5]

《國語·晉語二》亦云:

> 獻公問於卜偃曰:「攻虢何月也?」對曰:「童謠有之曰:『丙之晨,龍尾伏辰。均服振振,取虢之旂。鶉之賁賁,天策焞焞。火中成軍,虢公其奔。』火中而旦,其九月、十月之交乎?」[6]

此處童謠內容與卜偃預言有所齟齬,須分別觀之。先看童謠,〈世經〉云:「言曆者以夏時,故周十二月,夏十月也。」[7]

---

[5] 晉·杜預集解,唐·孔穎達正義:《春秋左傳正義》,卷 12,頁 208-209。

[6] 周·左丘明撰,吳·韋昭注:《國語》,卷 8,頁 299。

[7] 漢·班固撰,唐·顏師古注:《漢書》,卷 21 下,〈律曆志下〉,頁 1021。

根據學者復原的《夏曆》，僖公五年十月丙子朔，即西元前655年11月15日。[8]杜預云：「鶉，鶉火星也。賁賁，鳥星之體也。天策，傅說星。時近日，星微煇煇，無光耀也。」[9]以Stellarium23.4星象軟體還原當日清晨辰時（7到9點）上陽附近天象，日出確實在東方尾宿，但月在心、尾二宿之間，尚未完全進入尾宿。[10]杜預云：「日月合朔於尾，月行疾，故至旦而過在策。」[11]《莊子・大宗師》：「傅說得之，以相武丁，奄有天下，乘東維，騎箕尾，而比於列星。」[12]天策在尾宿末

---

[8] 經查廖育棟（Yuk Tung Liu）建置「公曆和農曆日期對照」網頁（https://ytliu0.github.io/ChineseCalendar/index_chinese.html，搜尋日期：2024年5月5日），《周曆》僖公五年十二月、《夏曆》僖公五年十月，同樣朔在丙子，即西元前655年11月15日。該網頁「古六曆的計算方法」說明，其古六曆是根據張培瑜《中國古代曆法》第三章第五節、第六節的資料復原。該網站的計算方法不依書中所述的方法，而是採用一套方便編寫計算機程式的方法，計算結果和張培瑜的《中國先秦史曆表》、《三千五百年曆日天象》所載曆日數據一致。

[9] 晉・杜預集解，唐・孔穎達正義：《春秋左傳正義》，卷12，頁208-209。

[10] 上陽現隸屬河南省三門峽市（34°46′23″N 111°12′00″E）。日約在當天上午7：20完全出於地平面，「龍尾伏辰」應在卯時（5到7點）的地平面下。卯、辰之際，心宿已升到地平線上。「圖2」設在8：20，方便讀者觀測日、月、天策、尾宿、心宿的相對位置。

[11] 晉・杜預集解，唐・孔穎達正義：《春秋左傳正義》，卷12，頁208。

[12] 清・王先謙：《莊子集解》（北京：中華書局，1999），卷2，頁61。

端。若黎明前「龍尾伏辰」，日月合辰於尾，則日、月、天策俱在尾宿，杜說「至旦而過在策」，非也。其實，時為朔日，月雖在心、尾之間，肉眼無法得見，杜預或是循卜偃「月在策」一語以解，導致錯誤。[13]因黎明時日在尾宿，傳說星近日而微弱無光，是為「天策焞焞」。[14]（以上見「圖 2」）此時軫、翼二宿在南中，柳、星、張三宿偏西，據《漢書‧天文志》：「柳為鳥喙」、「七星，頸」、「張，嗉」、「翼為羽

---

[13] 按照 Stellarium23.4 星象軟體，西元前 655 年 11 月 15 日早晨，月在心宿；隔日 16 日早晨，月才入尾宿，方得「龍尾伏辰」。根據「公曆和農曆日期對照」網頁還原的《春秋曆》，僖公五年十二月朔在丁丑，正當西元前 655 年 11 月 16 日，該日除「丙之晨」外，其餘日月合辰、天策、鶉鳥等天象位置，更加符合童謠內容。此處暫循《左傳》：「十二月丙子朔」時日，對照實際天象，以指出卜偃、杜預錯誤。至於箇中曲折，敬俟方家指教。

[14] 焦循：「《說文》：『焞，明也。』〈九歌‧東君篇〉：『暾將出兮東方。』王逸注云：『謂日始出東方，其容暾暾而盛也。』『焞焞』即『暾暾』，謂日光出於天策星之間而盛，非謂天策星近日而微。焞焞屬日不屬星，杜以為無光耀，非是星無光耀，而日出則焞焞。『天策焞焞』，言天策所在之處，日光焞焞也。」根據「圖2」，不管是日光暾暾而盛，還是天策因日光掩蓋而焞焞無耀，日出之時，兩種狀態同時發生，是焞焞屬日、屬星，皆可通也。惟焦氏引古訓作「明」，均在杜預以前，則訓作「無光耀」者，恐首發自杜預。因不影響天象解釋，今暫依杜註，並舉焦說，以供讀者卓參。見清‧焦循：《春秋左傳補疏》（上海：上海古籍出版社，2017），卷2，頁28。

翩」，[15]整個南宮朱鳥從頭到尾都在中天略西，是謂「鶉之賁賁」。然而，「火中成軍」，若釋為柳、七星、張的「鶉火」南中，便不合於軫、翼「鶉尾」南中的實際天象。特別的是，此時熒惑正在南中，或許此「火」非指「鶉火」，而是「火星」。（以上見「圖 3」）不過，《左傳》以「火」作為星名者，除了《左傳・襄公九年》的「味為鶉火」[16]外，全指恆星「心宿」，絕無稱「熒惑」為「火」者。（參見「表 7」）據此語例，清晨辰時「鶉火」既已不在南中，「火中成軍」或指「心宿」。蓋卯時（5 到 7 點）心宿與月始出東方，到午時（11 到 13 點）心宿南中之際，「軍事有成功也」，[17]於是「虢公其奔」。（參見「圖 4」）綜上所述，整首童謠乃從黎明前的「龍尾伏辰」說起，此刻整軍待發，故稱「均服振振，取虢之旂」；至冬季卯、辰日出之際發兵出征，所謂「鶉之賁賁，天策焞焞」；終於午時「火中成軍，虢公其奔」，獲得勝利。簡單來說，便是配合動態天象，預測這場戰役清晨出征，

15　漢・班固撰，唐・顏師古注：《漢書》，卷 26，頁 1277。《史記・天官書》司馬貞《索隱》：「《爾雅》云：『鳥張噣』。郭璞云：『噣，鳥受食之處也』」。見漢・司馬遷撰，南朝宋・裴駰集解，唐・司馬貞索隱、張守節正義：《史記》，卷 27，頁 1303。
16　晉・杜預集解，唐・孔穎達正義：《春秋左傳正義》，卷 30，頁 524。
17　此為杜預注語。見晉・杜預集解，唐・孔穎達正義：《春秋左傳正義》，卷 12，頁 208-209。

80　曆數在爾躬：劉歆歲曆問題研究

圖 2：僖公五年十月丙子朔辰時上陽東方天象

*中央下方圓圈標記處，即為天策（傅說）。

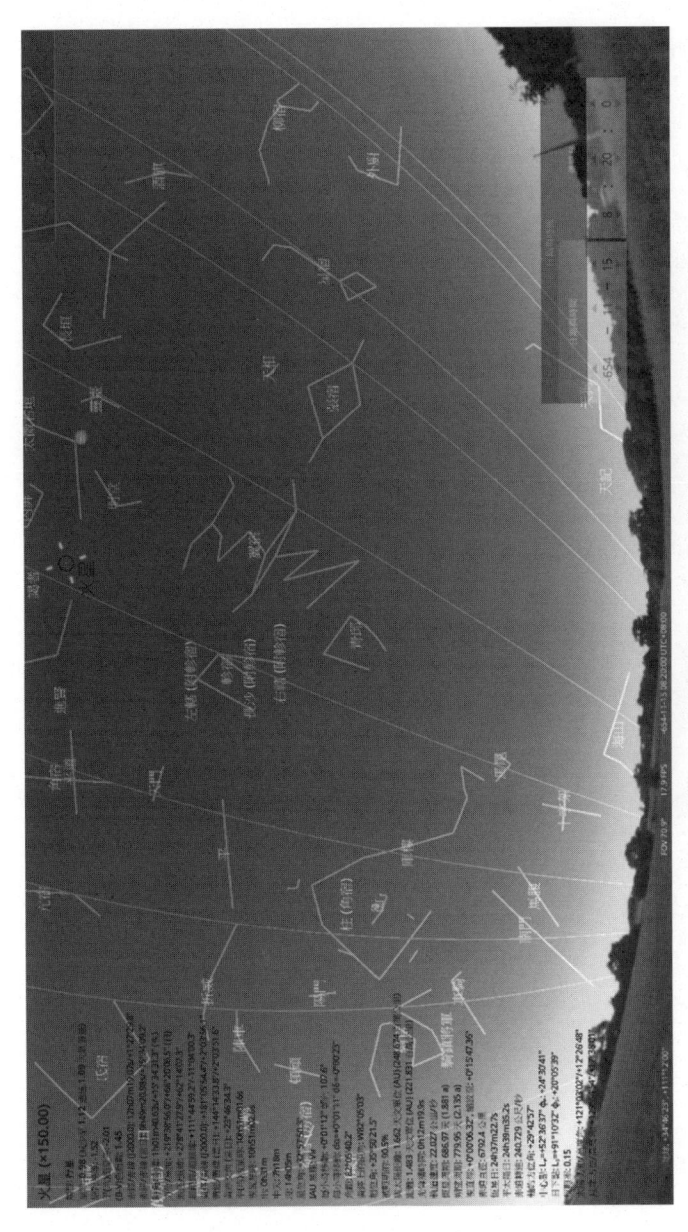

五、春秋歲曆的定位點：僖公五年　81

*中央上方圓圈標記處，即是火星。

圖3：僖公五年十月丙子朔辰時上陽南方天象

82　曆數在爾躬：劉歆歲曆問題研究

圖4：僖公五年十月丙子朔午時上陽南方天象

*中央圓圈標記處，即是心宿一。

表7：杜註《左傳》「火」星名表

紀年	《左傳》原文	杜預集解
莊公二十九年	火見而致用。	大火，心星，次角、亢。
襄公九年	咮為鶉火，心為大火。[18]	謂火正之官，配食於火星。建辰之月，鶉火星昏在南方，則令民放火。建戌之月，大火星伏在日下，夜不得見，則令民內火，禁放火。
昭公三年	譬如火焉。	火，心星。
昭公四年	火出而畢賦。	火星昏見東方，謂三月、四月中。
昭公六年	火見，鄭其火乎！	火，心星也。
昭公八年	歲在鶉火，是以卒滅，陳將如之。	顓頊氏以歲在鶉火而滅，火盛而水滅。
昭公九年	今火出而火陳。	火，心星也。火出，於周為五月。
昭公十七年	今除於火，火出必布焉。	（見下）
昭公十八年	夏五月，火始昏見。	火，心星。
哀公十二年	火伏而後蟄者畢。	火，心星也。火伏，在今十月。

---

[18] 《史記‧天官書》張守節《正義》：「柳八星為朱鳥咮。」見漢‧司馬遷撰，南朝宋‧裴駰集解，唐‧司馬貞索隱、張守節正義：《史記》，卷 27，頁 1299。案，〈昭公八年〉：「歲在鶉火」，嚴格來說，屬於星次，包括柳、七星、張三宿，非特定星名。反觀〈襄公九年〉：「咮為鶉火，心為大火」，變成略舉該星次的代表星名：「鶉火」之「咮」、「大火」之「心」。這是星次概念建立後才能出現的話語形態，異於其餘言「火」者，必專指星名心宿，而非星次大火。

午時克敵,言其易伐也。[19]

　　既知真實天象,便可繼續檢討卜偃預言。按前所述,「日在尾,月在策」,意即日、月、天策、尾宿四個星體合辰。前引《淮南子‧天文》記一年日躔:「星,正月建營室,二月建奎、婁,三月建胃,四月建畢,五月建東井,六月建張,七月建翼,八月建亢,九月建房,十月建尾,十一月建牽牛,十二月建虛。」夏正十月日躔原本就應該到尾宿。換句話說,卜偃推出戰勝日期在「其九月、十月之交」,只需童謠「龍尾伏辰」一句足矣;加上「丙之晨」的天干記錄,在兩個月內,也僅有 6 日符合,從中挑選十月丙子在朔的特殊日子,並不困難。問題在於「丙子旦,鶉火中」以及「火中而旦」兩句。像是「圖2」、「圖3」已經日出,「圖4」更是正午時分,星體均受日光掩蔽而不得見;若往前回推到平旦以前的卯時,柳、

---

[19] 《左傳》戰爭敘事,往往詳述時程,像是〈僖公二十二年〉的泓之戰,便敘述「楚人未既濟」到「既濟而未成列」,最後「既陳而後擊之,宋師敗績」的過程。又如〈襄公九年〉晉會諸侯伐鄭:「十二月癸亥,門其三門。閏月戊寅,濟于陰阪。」杜預云:「以《長曆》參校上下,此年不得有閏月戊寅,戊寅是十二月二十日。疑『閏月』當為『門五日』,『五』字上與『門』合為『閏』,則後學者自然轉日為月。晉人三番四軍更攻鄭門,門各五日,晉各一攻,鄭三受敵,欲以苦之。癸亥去戊寅十六日,以癸亥始攻,攻輒五日,凡十五日。」見晉‧杜預集解,唐‧孔穎達正義:《春秋左傳正義》,卷22,頁248;卷30,頁528。

七星、張的「鶉火」便可由偏西,回推到南中。郜積意指出這和《禮記・月令》:「孟冬之月,日在尾,昏危中,旦七星中」[20]相通。[21]然而,若據此將童謠「火中成軍」之「火」理解為「鶉火」,由於天策也在尾宿,頂多只能靜態解說卯時童謠的「龍尾伏辰」、「鶉之賁賁」、「火中成軍」;童謠中辰時日出之後方得見的「天策焞焞」,便無著落了。(參見「圖5」)因此,想要通解整首童謠,必須按照時序,以動態觀之:「圖 5」為黎明之前的卯時「龍尾伏辰」,此時南中不只可以從頭到尾清楚看到整個「鳥星之體」:「鶉火」、「鶉尾」,包括東井、輿鬼的「鶉首」都可得見,故「鶉之賁賁」同樣未必專指「鶉火」。「圖 2」是日始出到全出的辰時,可目視心宿先日一步出現在東方地平線上,接著日出龍尾「天策焞焞」。「圖 4」到中午時分,即便肉眼不見心宿,亦可從日始出目視的心宿位置,推得「火中成軍」。雖說卜偃是為了回應獻公「何時?」、「何月也?」的提問,故答案僅需指明克虢日期;但其預言不能完整呼應童謠內容,反倒全都可用漢代天文知識推出,其是否為卜偃所說,便有商榷的餘地。或是後世術家按照孟冬十月「旦七星中」的天文知識,綰合「鶉之賁賁」、「火中成軍」兩句,斷章取義而成。

---

[20] 漢・鄭玄注,唐・孔穎達正義:《禮記正義》,卷 17,頁 340。
[21] 見郜積意:《兩漢經學的曆術背景》,頁 108。

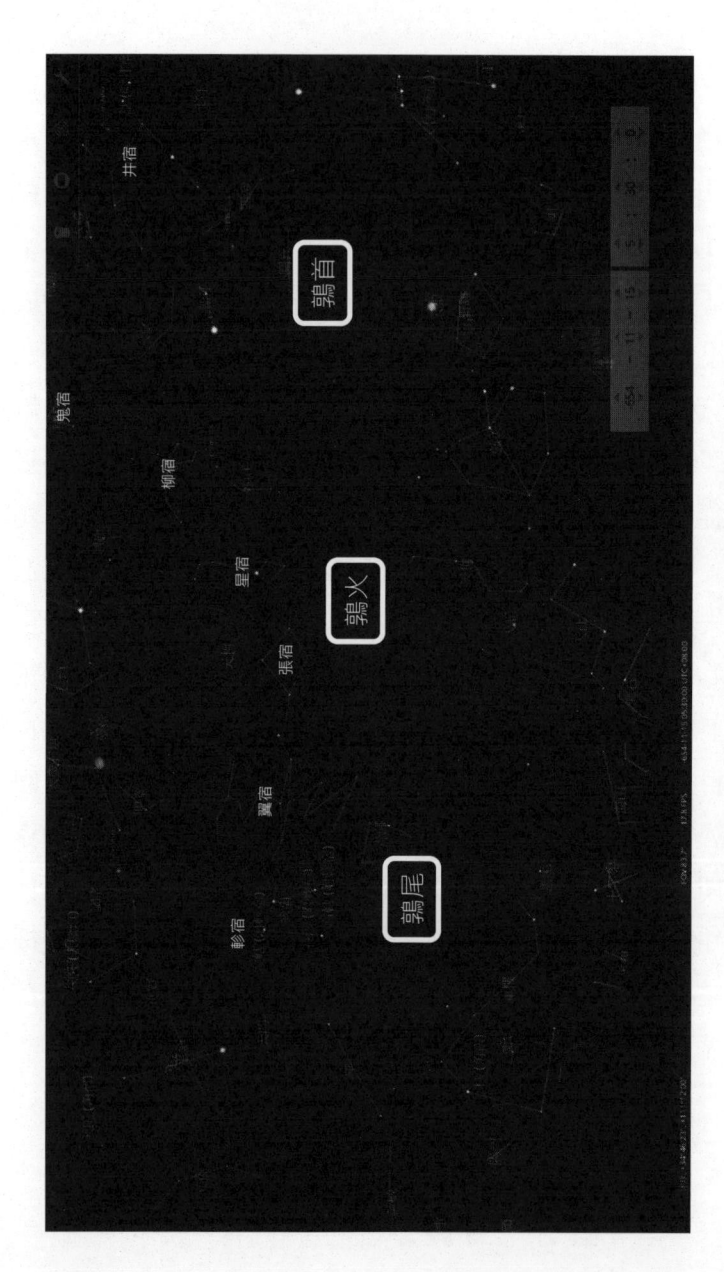

圖 5：僖公五年十月丙子朔卯時上陽南方天象

接著看同年《國語・晉語四》的另一條記錄：

> 董因迎公于河，公問焉，曰：「吾其濟乎？」對曰：
> 「歲在大梁，將集天行。元年始受，實沈之星也。實沈
> 之墟，晉人是居，所以興也。今君當之，無不濟矣。君之
> 行也，歲在大火。大火，閼伯之星也，是謂大辰。《瞽
> 史記》曰：『嗣續其祖，如穀之滋，必有晉國。』……
> 且以辰出而以參入，皆晉祥也，而天之大紀也。」[22]

《左傳・僖公五年》記晉公子重耳：「踰垣而走，披斬其袪，遂出奔翟。」[23]是重耳奔翟與獻公滅虢同年。董因稱「君之行也，歲在大火」，根據前面〈世經〉驗算（參見「表 5」），昭公三十一年回推至僖公五年的 144 年，歲星與日之間，當隔兩次，而且歲星正月在析木，是為「歲在析木」。循此而下，歲星十二月在大火，正好與日在十二月位於婺女、虛、危的玄枵之次，中隔析木、星紀兩次，是謂「歲在大火」。毋須解釋，這當然不合實際天象。（參見「圖 6」）[24]關鍵在於：只

---

[22] 周・左丘明撰，吳・韋昭注：《國語》，卷 10，頁 365。
[23] 晉・杜預集解，唐・孔穎達正義：《春秋左傳正義》，卷 12，頁 206。
[24] 此圖位置定在晉獻公時國都絳城，現隸屬山西省運城市（35°29′27″N 111°34′14″E）。

圖6：唐公五年十月丙子朔卯時絳城南方天象

*中央略左圓圈標記處，即是木星，位於翼宿，當是「歲在鶉尾」。

要滿足高祖元年「五星聚東井」、太初元年「七曜皆會聚斗、牽牛分度」都能符合同次新法實測的條件,以每 144 年一超辰往前回推到春秋時期,可以落在莊公十一年（683B.C.）到僖公二十一年（639B.C.）的 44 年之間,[25]為何僖公五年特別得到劉歆青睞?這就不得不從重耳流亡的經歷說起。

表 8：重耳出奔大事表

星紀	玄枵	諏訾	降婁	大梁	實沈	鶉首	鶉火	鶉尾	壽星	大火	析木
										僖5奔狄	
									僖16過衛		
				僖23至秦	僖24返晉				僖28伐衛、踐土之盟		

據「表8」,重耳在僖公五年奔狄,輾轉流亡 19 年,僖公二十四年（636B.C.）返晉,正是第 20 年。若由「大火」起

---

[25] 這個年代區間是假設太初元年（104B.C.）為同次的最後一年,以及高祖元年（206B.C.）同次的第一年大致回推而得。當然,高祖元年、太初元年相距超過百年,按實測85.7年的超辰週期來說,理應不在相同區間。但對劉歆 144 年的超辰週期而言,確實存有兩年都在「同次」區間的機會。

算，第 20 年恰好到「實沈」，此為推次條件。至於「大火」、「實沈」，前引《左傳・昭公元年》、《史記・鄭世家》子產答叔向曰：

> 昔高辛氏有二子，伯曰閼伯，季曰實沈，居于曠林，不相能也，日尋干戈，以相征討。后帝不臧，遷閼伯于商丘，主辰。商人是因，故辰為商星。遷實沈于大夏，主參，唐人是因，以服事夏、商。……及成王滅唐，而封大叔焉，故參為晉星。由是觀之，則實沈，參神也。

實沈為晉星、參神，亦即晉國的守護神。誠如《國語・晉語四》記衛國甯莊子云：「晉之守祀，必公子也」，[26]晉國公子於歲在實沈返晉，將得晉星、參神祐護，順理成章。另一方面，前引杜預云：「辰，大火也。」如上所論，本專指心宿，由此轉成包含氐、房、心三宿的星次。原來閼伯、實沈兄弟鬩牆，日尋干戈，相互讎視，《國語・晉語四》齊姜卻云：

> 吾聞晉之始封也，歲在大火，閼伯之星也，實紀商人。商之饗國三十一王。《瞽史之紀》曰：「唐叔之世，將如商數。」今未半也。亂不長世，公子唯子，子必有

26　周・左丘明撰，吳・韋昭注：《國語》，卷 10，頁 345。

晉。若何懷安?[27]

案《史記・晉世家》,雖記成王桐葉封弟叔虞一事,但言「靖侯已來,年紀可推。自唐叔至靖侯五世,無其年數」,[28]究竟叔虞封於何年?史無明文。[29]〈世經〉推成王在位 30 年,[30]可以有兩次歲在大火的機會。於是假借閼伯、實沈典故,改作唐叔始封之年,歲在大火,正可和重耳奔狄入晉的年數呼應。是以前引董因總結曰:

> 歲在大梁,將集天行。元年始受,實沈之星也。實沈之墟,晉人是居,所以興也。今君當之,無不濟矣。君之行也,歲在大火。大火,閼伯之星也,是謂大辰。辰以

27　周・左丘明撰,吳・韋昭注:《國語》,卷 10,頁 342。
28　漢・司馬遷撰,南朝宋・裴駰集解,唐・司馬貞索隱、張守節正義:《史記》,卷 39,頁 1636。
29　倪德衛(David S. Nivison)曾據《國語》武王伐紂歲在鶉火、叔虞封唐歲在大火的記錄,推前者在西元前 1050 年,後者在西元前 1035 年。但這都是以後世歲曆材料推得,並未先驗證其證據效力。參見倪德衛(David S. Nivison):〈《竹書紀年解謎》後記 Epilogue to *The Riddle of the Bamboo Annals*〉,《中國文化研究所學報》第 53 期(2011 年 7 月),頁 1-32。
30　見漢・班固撰,唐・顏師古注:《漢書》,卷 21 下,〈律曆志下〉,頁 1016-1017。

成善，后稷是相，唐叔以封。《瞽史記》曰：「嗣續其祖，如穀之滋，必有晉國。」……且以辰出而以參入，皆晉祥也，而天之大紀也。濟且秉成，必霸諸侯。子孫賴之，君無懼矣。

異於《左傳·昭公元年》、《史記·鄭世家》子產答叔向的「辰」、「參」均為星宿之名，董因的「辰出參入」，正式擴大成為「大火」、「實沈」的星次之名。重耳身為晉公子，當實沈之星，理所當然。但言叔虞封唐、重耳奔狄，都歲在大火，而辰以成善，得大辰庇佑，便是穿鑿子產之言，由敵對兄弟，轉成返晉祥瑞，是為典故條件。當推次、典故兩個條件疊合無誤，加上此年是春秋時期第一個朔旦冬至，僖公五年便成為歲星與日隔兩次區間起始的最佳選擇。

進而取齊姜、董因的兩段歲曆記錄，覆核先秦到西漢的其他典籍，《左傳·僖公二十三年》：

姜氏殺之，而謂公子曰：「子有四方之志，其聞之者，吾殺之矣。」公子曰：「無之。」姜曰：「行也！懷與安，實敗名。」[31]

31　晉·杜預集解，唐·孔穎達正義：《春秋左傳正義》，卷 15，頁 251。

《史記‧晉世家》：

> 齊女曰：「子一國公子，窮而來此，數士者以子為命。子不疾反國，報勞臣，而懷女德，竊為子羞之。且不求，何時得功？」[32]

《列女傳‧賢明》：

> 妾告姜氏，姜殺之，而言於公子，曰：「從者將以子行，聞者吾已除之矣。公子必從，不可以貳，貳無成命。自子去晉，晉無寧歲。天未亡晉，有晉國者，非子而誰，子其勉之！上帝臨子，貳必有咎。」[33]

《國語‧晉語四》在董因迎重耳於河的前一段落，記載子犯請去，文公沈璧以質一事，《韓非子‧外儲說左上》：

> 文公反國，至河，令籩豆捐之，席蓐捐之。手足胼胝、

---

[32] 漢‧司馬遷撰，南朝宋‧裴駰集解，唐‧司馬貞索隱、張守節正義：《史記》，卷 39，頁 1658。

[33] 漢‧劉向編撰：《古列女傳》，收入孫曉梅主編：《中國近現代女性學術叢刊‧續編玖》（北京：線裝書局，2015），第 21 冊，卷 2，頁 63。

面目黧黑者後之,咎犯聞之而夜哭。公曰:「寡人出亡二十年,乃今得反國,咎犯聞之不喜而哭,意不欲寡人反國邪?」犯對曰:「籩豆所以食也,而君捐之;席蓐所以臥也,而君棄之;手足胼胝、面目黧黑,勞有功者也,而君後之。今臣有與在後,中不勝其哀,故哭。且臣為君行詐偽以反國者眾矣,臣尚自惡也,而況於君?」再拜而辭,文公止之曰:「諺曰:『築社者,攓撅而置之,端冕而祀之。』今子與我取之,而不與我治之;與我置之,而不與我祀之焉。」乃解左驂而盟于河。[34]

《史記・晉世家》:

文公元年春,秦送重耳至河。咎犯曰:「臣從君周旋天下,過亦多矣。臣猶知之,況於君乎?請從此去矣。」重耳曰:「若反國,所不與子犯共者,河伯視之!」乃投璧河中,以與子犯盟。[35]

---

34 清・王先慎:《韓非子集解》(北京:中華書局,2003),卷11,頁276-277。
35 漢・司馬遷撰,南朝宋・裴駰集解,唐・司馬貞索隱、張守節正義:《史記》,卷39,頁1660。

《說苑・復恩》：

> 晉文公入國，至於河，令棄籩豆茵席，顏色黎黑、手足胼胝者在後。咎犯聞之，中夜而哭，文公曰：「吾亡也十有九年矣，今將反國，夫子不喜而哭，何也？其不欲吾反國乎？」對曰：「籩豆茵席，所以官者也，而棄之；顏色黎黑、手足胼胝，所以執勞苦者也，而皆後之。臣聞國君蔽士，無所取忠臣；大夫蔽遊，無所取忠友；今至於國，臣在所蔽之中矣，不勝其哀，故哭也。」文公曰：「禍福利害，不與咎氏同之者，有如白水！」乃沈璧而盟。[36]

職是可見，齊姜勸說重耳一事，眾所周知，唯獨文末「歲在大火」云云，他書未聞。文公盟河，諸書僅有沈璧、解驂之別，敘事大意相同，亦全不見後續有董因「辰出參入」的記載。[37]其中《列女傳》、《說苑》二書，作者劉向正是劉歆父親，《漢書・藝文志》言成帝「詔光祿大夫劉向校經傳、諸子、詩賦」，〈六藝略・春秋類〉中，便著錄「《春秋》古經十二

36　漢・劉向撰，向宗魯校證：《說苑校證》（北京：中華書局，2003），卷6，頁119-120。
37　此外，齊姜、董因並引的《瞽史之紀》、《瞽史記》，亦絕無僅有。

篇」、「《左氏傳》三十卷」、「《國語》二十一篇」。[38]《新論‧正經》曰：

> 劉子政、子駿，子駿兄弟子伯玉，俱是通人，尤珍重《左氏》，教授子孫，下至婦女，無不讀誦。[39]

劉向、劉歆父子所校所讀若為同一部《左傳》、《國語》，豈能劉歆獨知歲曆相關資料，而曾經「總六曆」、「作《五紀論》」的天文專家劉向，卻置若罔聞呢？特別是董因其人，僅見於〈晉語〉、〈世經〉，韋昭云：「因，晉大夫，周太史辛有之後。《傳》曰：『辛有之二子，董之晉。』故晉有董史。」[40]其實日後記趙衰之子趙盾弒其君者，正是董狐，孔子贊曰：「古之良史也。」[41]於此時虛添董因，在不影響前後敘事的前提下，藉其口以總結重耳出奔 19 年間的歲曆大事，確實天衣無縫，毫無痕跡。在決定「辰出參入」的歲曆後，其間

38　見漢‧班固撰，唐‧顏師古注：《漢書》，卷 30，頁 1701、1713-1714。
39　漢‧桓譚撰，朱謙之校輯：《新輯本桓譚新論》（北京：中華書局，2009），卷 9，頁 39。
40　周‧左丘明撰，吳‧韋昭注：《國語》，卷 10，頁 366。
41　晉‧杜預集解，唐‧孔穎達正義：《春秋左傳正義》，卷 21，頁 365。

僖公十六年歲在壽星,過衛五鹿乞於野人,進而預言僖公二十八年歲復壽星,必獲此土、盟會諸侯,只不過是以後見之明再行傅會罷了。

總結來說,僖公五年歲曆記錄、朔旦冬至,完全符合劉歆《三統曆》的推算,又辨明其轉化閼伯、實沈昆仲典故的手法,可知《國語》中相關材料,當是劉歆竄入。以僖公五年為中心,擴而大之,因所有《國語》、《左傳》的歲曆記錄都符合每144年一超辰的周期,亦當劉歆出自手筆。過去劉逢祿批評「然《左氏》言年數,亦多歆所竄改,以傅會其《三統麻》者。」[42]又云「至《左氏》言占驗,乃其舊文;言術,則歆取他書坿之」[43]至此終於得以坐實。補充說明,卜偃所言童謠,因合乎晉獻公伐虢的真實天象,當是實錄。[44]但卜偃預言無法

---

[42] 清・劉逢祿:《左氏廣膏肓》,《春秋公羊經何氏釋例》,收入《續修四庫全書》(上海:上海古籍出版社,1995),第 129 冊,〈後錄〉卷 4,頁 614。

[43] 清・劉逢祿撰,顧頡剛點校:《左氏春秋考證》,收入林慶彰主編:《民國時期經學叢書》第二輯(臺中:文听閣圖書有限公司,2008),第 46 冊,卷下,頁 47。

[44] 飯島忠夫以為《左傳・僖公五年》:「春,王正月辛亥朔,日南至。」以及「冬,十二月丙子朔,晉滅虢。」因都符合《三統曆》推算,全是劉歆偽作。但《春秋經・僖公五年》:「九月戊申朔,日有食之。」三《傳》均同。陳厚耀以為「是年正月辛亥朔,九月戊申朔,一見《傳》,一見《經》,皆書魯事,非有差也。然以月法大小相間之數推之,則正月朔得辛亥,九月朔必得丁未;九月朔

完全對應童謠內容,疑非出自可親驗當時天象的卜偃之口,亦不太可能是思慮縝密的劉歆所添。惟在〈世經〉、《漢書‧五行志中之上》均曾提及,[45]或許劉歆之前已攙入《左傳》當

> 得戊申,則正月朔必壬子,而非辛亥。……因思古曆家最忌蔀首正月小,唐人猶有此說,故借前蔀末閏月大之三十日入正月朔日,則蔀首正月大。是以至朔分齊之末日,為蔀首至朔之始日也。依次推之,則僖五年之朔始合。」故陳氏排僖公五年正月、二月皆大月30日,其後小大相間,九月小、十月大、十一月小,到十二月朔日,共89日。由九月戊申朔後推89日,正得十二月丙子朔。根據張培瑜考察,《春秋經‧僖公五年》:「九月戊申朔,日有食之。」時當西元前655年8月19日,曲阜等13處中原古城,於下午14:39後,陸續可見日食,足證《春秋》所記非虛。飯島忠夫指責偽作劉歆《左傳》,卻不能連帶懷疑《春秋經》亦是杜撰。見飯島忠夫:〈漢代の曆法より見たる左伝の偽作(第二回)〉,頁181-210。清‧陳厚耀撰,郗積意點校:《春秋長曆》,收入《春秋長曆二種》,中冊,卷4,頁345-347。晉‧杜預集解,唐‧孔穎達正義:《春秋左傳正義》,卷12,頁205。漢‧何休解詁,唐‧徐彥疏:《春秋公羊傳注疏》(臺北:藝文印書館,1997),卷10,頁75。晉‧范甯集解,唐‧楊士勛疏:《春秋穀梁傳注疏》(臺北:藝文印書館,1997),卷7,頁279-280。張培瑜:〈《春秋》日食表〉、〈春秋日食合古六曆考〉,《中國先秦史曆表》(濟南:齊魯社,1987),頁246、248。張培瑜:〈中國十三歷史名城可見日食表〉,《三千五百年曆日天象》(鄭州:河南教育出版社,1990),頁983。

45 《漢書‧五行志中之上》:「《左氏傳》晉獻公時童謠曰:『丙子之晨,龍尾伏辰,袀服振振,取虢之旂。鶉之賁賁,天策焞焞,火中成軍,虢公其奔。』是時虢為小國,介夏陽之阸,怙虞國之助,

中。46

亢衡于晉,有炕陽之節,失臣下之心。晉獻伐之,問於卜偃曰:『吾其濟乎?』偃以童謠對曰:『克之。十月朔丙子旦,日在尾,月在策,鶉火中,必此時也。』冬十二月丙子朔,晉師滅虢,虢公醜犇周。周十二月,夏十月也。言天者以夏正。」見漢・班固撰,唐・顏師古注:《漢書》,卷 27 中之上,頁 1393。

46 《漢書・劉歆傳》:「及歆校祕書,見古文《春秋左氏傳》,歆大好之。時丞相史尹咸以能治《左氏》,與歆共校經傳。歆略從咸及丞相翟方進受,質問大義。」可知劉歆《左傳》師從尹咸、翟方進。《漢書・翟方進傳》:「方進雖受《穀梁》,然好《左氏傳》、天文星曆,其《左氏》則國師劉歆,星曆則長安令田終術師也。」翟方進亦兼通《左傳》、天文星曆。惟成帝綏和二年(7B.C.)熒惑守心,「貴麗善為星,言大臣宜當之」,翟方進竟因此自殺。張嘉鳳、黃一農研究推算指出,當時根本沒有發生熒惑守心的天象,而是政敵以天象為政治鬥爭工具。問題在於:翟方進號稱天文星曆專家,最後卻死在錯誤天象上,除了政敵刻意假借外,翟方進自己無法以專業反駁,恐怕也是難以忽略的因素。翟方進既兼治《左傳》、星曆,則卜偃之說或其所加,後傳授劉歆。劉歆星曆雖高過其師,但礙於師法,亦加以保留而無所辨正。見漢・班固撰,唐・顏師古注:《漢書》,卷 36,頁 1967;卷 84,頁 3421-3422。張嘉鳳、黃一農:〈天文對中國古代政治的影響:以漢相翟方進自殺為例〉,《清華學報》新第 20 卷第 2 期(1990 年 12 月),頁 361-378。

六、劉歆歲曆的矛盾：昭公九年

劉歆歲曆除了見於《漢書‧律曆志》外，還運用在災異推說上，相關材料收錄在《漢書‧五行志》當中。略去和〈世經〉重複者，另有 4 筆材料尚未討論，以下依序分析。《漢書‧五行志下之下》：

莊公七年「四月辛卯夜，恆星不見，夜中星隕如雨」。……《左氏傳》曰：「恆星不見，夜明也；星隕如雨，與雨偕也。」劉歆以為晝象中國，夜象夷狄。夜明，故常見之星皆不見，象中國微也。「星隕如雨」，如，而也，星隕而且雨，故曰「與雨偕也」，明雨與星隕，兩變相成也。〈洪範〉曰：「庶民惟星。」《易》曰：「雷雨作，解。」是歲歲在玄枵，齊分野也。夜中而星隕，象庶民中離上也。雨以解過施，復從上下，象齊桓行伯，復興周室也。周四月，夏二月也，日在降婁，魯分野也。先是，衛侯朔奔齊，衛公子黔牟立，齊帥諸侯伐之，天子使使救衛。魯公子溺專政，會齊以犯王命，嚴弗能止，卒從而伐衛，逐天王所立。不義至

甚，而自以為功。民去其上，政繇下作，尤著，故星隕於魯，天事常象也。[1]

莊公七年（687B.C.），劉歆以為「歲在玄枵」，下距僖公五年（655B.C.）共 32 年，每 12 年歲星一周天：

$$32 \div 12 = 2 \cdots\cdots 8$$

由「玄枵」往後算 8 次，經娵訾、降婁、大梁、實沈、鶉首、鶉火、鶉尾，僖公五年原本應「歲在壽星」，恰巧遇到每 144 年一超辰的周期，故在第 145 年的僖公五年超至「大火」，正與前論吻合。

其次是《漢書‧五行志下之下》：

> 僖公十六年「正月戊申朔，隕石于宋，五。是月六鷁退飛過宋都」。……《左氏傳》曰：隕石，星也；鷁退飛，風也。宋襄公以問周內史叔興曰：「是何祥也？吉凶何在？」對曰：「今茲魯多大喪，明年齊有亂，君將得諸侯而不終。」退而告人曰：「是陰陽之事，非吉凶

---

[1] 漢‧班固撰，唐‧顏師古注：《漢書》，卷 27 下之下，頁 1508-1509。關於此條災異的解說，詳見拙作：《漢書五行志疏證》（臺北：臺灣學生書局有限公司，2017），頁 361-365。

之所生也。吉凶繇人，吾不敢逆君故也。」是歲，魯公子季友、鄫季姬、公孫茲皆卒。明年齊威死，適庶亂。宋襄公伐齊行伯，卒為楚所敗。劉歆以為是歲歲在壽星，其衝降婁。降婁，魯分野也，故為魯多大喪。正月，日在星紀，厭在玄枵。玄枵，齊分野也。石，山物；齊，大嶽後。五石象齊威卒而五公子作亂，故為明年齊有亂。庶民惟星，隕於宋，象宋襄將得諸侯之眾，而治五公子之亂。星隕而鷁退飛，故為得諸侯而不終。六鷁象後六年伯業始退，執於盂也。民反德為亂，亂則妖災生，言吉凶繇人，然后陰陽衝厭受其咎。齊、魯之災非君所致，故曰「吾不敢逆君故也」。[2]

僖公十六年（644B.C.），上距僖公五年「歲在大火」共 11 年，經析木、星紀、玄枵、諏訾、降婁、大梁、實沈、鶉首、鶉火、鶉尾，僖公十六年「歲在壽星」，劉歆推算無誤。

再來是《漢書‧五行志下之上》：

成公五年「夏，梁山崩」。……劉歆以為梁山，晉望

---

[2] 漢‧班固撰，唐‧顏師古注：《漢書》，卷 27 下之下，頁 1518-1519。關於此條災異的解說，詳見拙作：《漢書五行志疏證》，頁 380-383。

也;崩,弛崩也。古者三代命祀,祭不越望,吉凶禍福,不是過也。國主山川,山崩川竭,亡之徵也,美惡周必復。是歲歲在鶉火,至十七年復在鶉火,欒書、中行偃殺厲公而立悼公。[3]

成公五年(586B.C.)上距僖公五年(655B.C.)共69年,每12年歲星一周天:

$$69 \div 12 = 5 \cdots\cdots 9$$

由「大火」往後算9次,經析木、星紀、玄枵、諏訾、降婁、大梁、實沈、鶉首,成公五年「歲在鶉火」,劉歆推算正確。

有趣的是最後這一段,直接先看《左傳‧昭公九年》原文:

夏四月,陳災。鄭裨竈曰:「五年,陳將復封,封五十二年而遂亡。」子產問其故。對曰:「陳,水屬也;火,水妃也。而楚所相也。今火出而火陳,逐楚而建陳也。妃以五成,故曰五年。歲五及鶉火,而後陳卒亡,

---

[3] 漢‧班固撰,唐‧顏師古注:《漢書》,卷27下之上,頁1456。關於此條災異的解說,詳見拙作:《漢書五行志疏證》,頁266-268。

楚克有之,天之道也,故曰五十二年。」[4]

案《春秋經・昭公八年》:「冬十月壬午,楚師滅陳。」[5]這筆同樣《史記》未見的段落,異於《公羊》、《穀梁》主要解釋昭公八年(534B.C.)楚已滅陳,為何《春秋經・昭公九年》還有「陳火」的記錄?《左傳》據此發揮〈宣公十六年〉:「凡火,人火曰火,天火曰災」[6]的傳例,推說其《經》作「陳災」而不像《公》、《穀》二《經》作「陳火」的天道意義。對此,《漢書・五行志上》詳細說明:

> 說曰:顓頊以水王,陳其族也。今茲歲在星紀,後五年在大梁。大梁,昴也。金為水宗,得其宗而昌,故曰「五年陳將復封」。楚之先為火正,故曰「楚所相

---

[4] 晉・杜預集解,唐・孔穎達正義:《春秋左傳正義》,卷 45,頁 779-780。

[5] 晉・杜預集解,唐・孔穎達正義:《春秋左傳正義》,卷 44,頁 768。

[6] 《公羊傳・昭公九年》:「夏四月,陳火。陳已滅矣,其言陳火何?存陳也。」《穀梁傳・昭公九年》:「夏四月,陳火。國曰災,邑曰火,火不志,此何以志?閔陳而存之也。」見漢・何休解詁,唐・徐彥疏:《春秋公羊傳注疏》,卷 22,頁 279-280。晉・范甯集解,唐・楊士勛疏:《春秋穀梁傳注疏》,卷 22,頁 279-280。

也」。天以一生水,地以二生火,天以三生木,地以四生金,天以五生土。五位皆以五而合,而陰陽易位,故曰「妃以五成」。然則水之大數六,火七,木八,金九,土十。故水以天一為火二牡,木以天三為土十牡,土以天五為水六牡,火以天七為金四牡,金以天九為木八牡。陽奇為牡,陰耦為妃。故曰「水,火之牡也;火,水妃也」。於《易》,〈坎〉為水,為中男,〈離〉為火,為中女,蓋取諸此也。自大梁四歲而及鶉火,四周四十八歲,凡五及鶉火,五十二年而陳卒亡。火盛水衰,故曰「天之道也」。哀公十七年七月己卯,楚滅陳。[7]

前引《左傳‧昭公八年》史趙所言「陳,顓頊之族也,歲在鶉火,是以卒滅,陳將如之。今在析木之津,猶將復由。」乃〈世經〉:「昭公八年歲在析木」的根據。循此以推,昭公九年(533B.C.),歲在星紀;中隔玄枵、諏訾、降婁;十三年(529B.C.),歲在大梁,《春秋經‧昭公十三年》:「陳侯吳歸于陳。」[8]由昭公十三年陳國復封歲在大梁起算,「自大

---

[7] 漢‧班固撰,唐‧顏師古注:《漢書》,卷27上,頁1327-1328。
[8] 晉‧杜預集解,唐‧孔穎達正義:《春秋左傳正義》,卷46,頁804。

梁四歲而及鶉火,四周四十八歲,凡五及鶉火,五十二年而陳卒亡」,時為哀公十七年(478B.C.),《左傳》:「楚公孫朝帥師滅陳。」[9]職是以觀,裨竈預言首尾俱無差錯。必須指出的是,這是在沒有計算〈世經〉在昭公三十二年「盈一次矣」,從「析木」超辰到「星紀」的前提下才能成立。若據〈世經〉每 144 年一超辰的周期,僅需 51 年便可「歲五及鶉火」。這也就是〈世經〉歲曆只引「昭公八年歲在析木,十年歲在顓頊之虛,玄枵也」,不僅省略史趙「歲在鶉火,是以卒滅」一句,中間更刻意跳過昭公九年裨竈如此詳盡預言,同時隻字未提哀公十七年楚再滅陳、歲在鶉火的原因。請讀者留意,〈五行志〉與〈世經〉的出入,並非在於可能出自不同的師法解說,而在於兩者都引同一部《左傳》作為推歲證據。簡單來說,這是發生在《左傳》當中的矛盾,而這些有問題的段落,至今依舊同時保留在《左傳》之中。[10]

---

[9] 晉・杜預集解,唐・孔穎達正義:《春秋左傳正義》,卷 60,頁 1045。

[10] 《史記》共 7 處提到「孔子卒」,言卒於哀公十六年(479B.C.)者,有〈周本紀〉、〈秦本紀〉、〈十二諸侯年表〉、〈燕召公世家〉、〈晉世家〉、〈鄭世家〉,當中〈周本紀〉、〈十二諸侯年表〉、〈鄭世家〉提到同年「楚滅陳」一事,〈十二諸侯年表〉更記該年是「(陳湣公)二十三年」。唯獨〈陳杞世家〉:「(陳湣公)二十四年,楚惠王復國,以兵北伐,殺陳湣公,遂滅陳而有之。是歲,孔子卒。」陳湣公二十四年即魯哀公十七年。至於「楚

造成矛盾的原因,回頭考察劉歆的學術經歷,或有發現。
《漢書・劉歆傳》:

滅陳」共 9 處,言滅於哀公十五年(480B.C.)者,有〈宋微子世家〉;滅於哀公十六年者,有〈周本紀〉、〈十二諸侯年表〉、〈楚世家〉、〈鄭世家〉;滅於哀公十七年者,有〈秦本紀〉、〈吳太伯世家〉、〈管蔡世家〉、〈陳杞世家〉。飯島忠夫對照《春秋左傳經・哀公十六年》:「夏四月己丑孔丘卒。」以及前引《左傳・哀公十七年》:「楚公孫朝帥師滅陳。」認為原本劉歆以其超辰周期偽作《左傳》,將禪竈的「五十二年」記作「五十一年」,於是「楚滅陳」、「孔子卒」便同在哀公十六年,亦即楚惠王十年,則《春秋經》便與〈楚世家〉相合。但杜預不信超辰之說,於是在「分經之年與傳之年相附」的集解過程中,改成「五十二年」,楚滅陳便繫在哀公十七年,造成「孔子卒」、「楚滅陳」分在前後兩年。至於〈陳杞世家〉的「二十四年」,當是後人根據杜預改本備註,其後攙入《史記》正文而成。飯島氏雖言之鑿鑿,然不僅《左傳》從未見作「五十一年」者,同時忽略了《漢書・五行志上》徵引解說時亦作「五十二年」。且其所釋揉合〈繫辭〉天地之數與〈洪範〉五行,據班固序言,實出自劉歆之手。飯島氏所論恐怕證據不足,推行甚迂。見漢・司馬遷撰,南朝宋・裴駰集解,唐・司馬貞索隱、張守節正義:《史記》,卷 4,頁 157;卷 5,頁 198;卷 14,頁 681;卷 31,頁 1475;卷 33,頁 1545;卷 34,頁 1553;卷 5,頁 1569;卷 36,頁 1583;卷 38,頁 1631;卷 39,頁 1685;卷 40,頁 1718;卷 42,頁 1775。晉・杜預集解,唐・孔穎達正義:《春秋左傳正義》,卷 1,頁 16;卷 60,頁 1041。飯島忠夫:〈再び左伝著作の時代を論ず〉,《東洋學報》第 9 卷第 2 号(1919 年 6 月),頁 155-194。

河平中，受詔與父向領校祕書，講六藝傳記，諸子、詩賦、數術、方技，無所不究。……

歆及向始皆治《易》，宣帝時，詔向受《穀梁春秋》，十餘年，大明習。及歆校秘書，見古文《春秋左氏傳》，歆大好之。時丞相史尹咸以能治《左氏》，與歆共校經傳。歆略從咸及丞相翟方進受，質問大義。初《左氏傳》多古字古言，學者傳訓故而已，及歆治《左氏》，引傳文以解經，轉相發明，由是章句義理備焉。[11]

劉歆治《左傳》，當始於受詔校書的成帝河平年間（28B.C.-24B.C.），其部分成果見於《漢書・五行志》，班固序云：

《易》曰：「天垂象，見吉凶，聖人象之；河出圖，雒出書，聖人則之。」劉歆以為虙羲氏繼天而王，受河圖，則而畫之，八卦是也；禹治洪水，賜雒書，法而陳之，〈洪範〉是也。[12]

前引《漢書・五行志上》：「天以一生水，地以二生火」云云，正是《周易・繫辭上》天地之數與〈洪範〉五行結合而

---

[11] 漢・班固撰，唐・顏師古注：《漢書》，卷36，頁1967。
[12] 漢・班固撰，唐・顏師古注：《漢書》，卷27上，頁1315。

成,此乃劉歆以河圖為八卦、以雒書為〈洪範〉的具體推演。[13]《漢書·劉歆傳》言:「歆以為左丘明好惡與聖人同,親見夫子,而《公羊》、《穀梁》在七十子後,傳聞之與親見之,其詳略不同。歆數以難向,向不能非間也。」[14]《漢書·五行志上》亦曰:「宣、元之後,劉向治《穀梁春秋》,數其旤福,傳以〈洪範〉,與仲舒錯。至向子歆治《左氏傳》,其《春秋》意亦已乖矣;言《五行傳》,又頗不同。」[15]可知此時劉向尚且在世,父子二人曾經辯論《春秋左氏傳》、《洪範五行傳》兩書義理。[16]劉歆在「引傳文以解經,轉相發明」過程中,假借《左傳·昭公九年》裨竈之口,疏通《周易》、《尚書》兩經的八卦、雒書,俾使「章句義理備焉」。此階段劉歆雖已用十二星次解《左氏傳》,但還未代入超辰概念,成為與日後其他符合 144 年超辰產生矛盾的唯一段落。[17]

---

[13] 關於此條義理及星占的解說,詳見拙作:《漢書五行志疏證》,頁 39-44。

[14] 漢·班固撰,唐·顏師古注:《漢書》,卷 36,頁 1967。

[15] 漢·班固撰,唐·顏師古注:《漢書》,卷 27 上,頁 1317。

[16] 據錢穆考察,劉向卒於成帝綏和元年(8B.C.)。參見錢穆:〈劉向歆父子年譜〉,《兩漢經學今古文平議》,頁 52。

[17] 新城新藏以為,昭公九年的「說曰」,或已行於劉歆之前,尚未知超辰之法。班固作〈五行志〉,彙整眾說,遂不更改。其說誠是。進而觀察「說曰」的解釋,與《左傳》裨竈「五十二年」、「歲五

其後劉歆因責讓太常博士,為眾儒所訕,求出補吏。會哀帝崩,王莽向太后推薦劉歆,《漢書・劉歆傳》:「太后留歆為右曹太中大夫,遷中壘校尉、羲和、京兆尹,使治明堂辟雍,封紅休侯。典儒林史卜之官,考定律曆,著《三統曆譜》。」[18]《漢書・平帝紀》元始五年(5):「羲和劉歆等四人使治明堂、辟廱。⋯⋯徵天下通知逸經、古記、天文、曆算、鍾律、小學、史篇、方術、本草及以五經、《論語》、《孝經》、《爾雅》教授者。」[19]劉歆撰著《三統曆譜》,並加上超辰原理,當在此階段,故〈世經〉捨棄《左傳・昭公九年》裨竈預言不用,避免《三統曆譜》內部發生牴觸。同時以不影響原來記事的方式,穿插星次記錄到《左傳》、《國語》之間,是以後世得見前引《國語・晉語四》、《左傳・襄公二十八年》、〈襄公三十年〉、〈昭公八年〉、〈昭公十年〉、〈昭公三十二年〉等司馬遷前所未聞的歲曆材料。否則,像是《漢書・五行志中之下》記三條《春秋》「春無冰」的災異,

---

及鶉火」的預言若合符節,加上所釋符合班固序言提到劉歆綜合八卦、〈洪範〉義理。因此,只能以劉歆前後學術轉變歷程,說明「歲五及鶉火」、「越得歲」的矛盾。參見新城新藏撰,沈璿譯:《東洋天文學史研究》,頁 434-438。另外,劉坦亦發現此處矛盾,但認為「五及鶉火」和〈世經〉超辰「本出一轍,固無不同」。見劉坦:《中國古代之星歲紀年》,頁 129-134。

18　漢・班固撰,唐・顏師古注:《漢書》,卷36,頁1972。
19　漢・班固撰,唐・顏師古注:《漢書》,卷12,頁359。

全無《左傳》、劉歆之語。[20]然前引《左傳・襄公二十八年》記梓慎說：「歲在星紀，而淫於玄枵」云云，在歲星視運動「過次」狀態下，以若有似無的籠統說法，預言「春無冰」將造成「宋、鄭必饑」。假使成帝時期、劉歆推說災異之際，已見於《左傳》當中，沒有理由絕口不提。就此條星占而言，劉歆非但已知超辰概念，還清楚理解和行星贏縮之間的差異；不會因為短暫「過次」，影響其後昭公三十二年的真正超辰，顯現出晚年歲曆系統的成熟。

其餘如前舉三例莊公七年「星隕如雨」、僖公十六年「隕石于宋、六鶂退飛」、成公五年「梁山崩」等災異推說，既符合劉歆歲曆推算，當在完成《三統曆》後添入。為維持哀帝以前階段的《春秋經》、《左氏傳》、「說曰」（或「劉歆以為」）章句結構，劉歆選擇不將這些歲曆記錄攙進《左傳》當中，而保留在「說曰」（或「劉歆以為」）中。[21]值得注意的是，《史記・宋微子世家》：「襄公七年，宋地霣星如雨，與雨偕下；六鶂退蜚，風疾也。」《史記・十二諸侯年表》作：

---

[20] 參見漢・班固撰，唐・顏師古注：《漢書》，卷 27 中之下，頁 1407-1408。

[21] 劉歆災異論著，有《洪範五行傳說》、《春秋左氏傳章句》。兩書的體例與義理，詳見拙作：《漢書五行志疏證》，〈前言〉，頁 16-27。以及第九章的補充。

「隕五石。六鷁退飛，過我都。」²²〈宋微子世家〉言「霣星如雨」，或誤植《左傳‧莊公七年》：「星隕如雨」一事。但司馬遷記「與雨偕下」、「風疾也」，不取《公羊》、《穀梁》之說，²³而全採《左傳‧莊公七年》：「與雨偕也」、《左傳‧僖公十六年》：「六鷁退飛過宋都，風也」之義，²⁴同樣沒有述及宋襄公與內史叔興的問答。這段問答，不著痕跡地以《左傳》的「今茲魯多大喪，明年齊有亂」，對應「劉歆以為是歲歲在壽星，其衝降婁」云云的詮釋，傳文與歲曆相契，可推亦是劉歆篡寫。²⁵最有趣的是莊公七年「星隕如

---

22 以上見漢‧司馬遷撰，南朝宋‧裴駰集解，唐‧司馬貞索隱、張守節正義：《史記》，卷14，頁589；卷38，頁1625。

23 《公羊傳‧莊公七年》：「如雨者何？如雨者非雨也。非雨則曷為謂之如雨？不脩《春秋》曰：『雨星不及地尺而復。』君子修之曰：『星霣如雨』。」《公羊傳‧僖公十六年》：「六鷁退飛，記見也。視之則六，察之則鷁，徐而察之則退飛。」《穀梁傳‧莊公七年》：「其隕也如雨，是夜中與？」《穀梁傳‧僖公十六年》：「六鷁退飛過宋都，先數，聚辭也，目治也。」見漢‧何休解詁，唐‧徐彥疏：《春秋公羊傳注疏》，卷6，頁81；卷11，頁139。晉‧范甯集解，唐‧楊士勛疏：《春秋穀梁傳注疏》，卷5，頁49；卷8，頁85。

24 以上見晉‧杜預集解，唐‧孔穎達正義：《春秋左傳正義》，卷8，頁142；卷14，頁236。

25 即《左傳‧僖公十六年》：「周內史叔興聘于宋，宋襄公問焉，曰：『是何祥也，吉凶焉在？』對曰：『今茲魯多大喪，明年齊有亂，君將得諸侯而不終。』退而告人曰：『君失問，是陰陽之

雨」，這筆可證實僖公五年為歲星與日超辰到「隔兩次」區間起始的內容，由於其中「劉歆以為」以下所引《易》曰：「雷雨作，解。」出自《周易‧解卦‧大象傳》：「雷雨作，解。君子以赦過宥罪。」[26]《史記‧孔子世家》：「孔子晚而喜《易》，序〈彖〉、〈繫〉、〈象〉、〈說卦〉、〈文言〉。」[27]《漢書‧藝文志》：「孔氏為之〈彖〉、〈象〉、〈繫辭〉、〈文言〉、〈序卦〉之屬十篇。」[28]孔子晚年作《十翼》，是兩漢經師的共識，若劉歆改篡孔子《十翼》，而出現在《左傳‧莊公七年》中，豈非授人以柄，自曝其短？

補充說明，飯島忠夫、新城新藏、劉坦以〈歲術〉「推歲所在」的方法計算，都推得春秋時期當在莊公二十三年（671B.C.）、昭公十五年（527B.C.）超辰，而非僖公五年、昭公三十二年。[29]誠如第四章「表 6」所示，《左傳》、《國

事，非吉凶所生也。吉凶由人，吾不敢逆君故也。』」一段。見晉‧杜預集解，唐‧孔穎達正義：《春秋左傳正義》，卷 14，頁 236。
[26] 魏‧王弼、晉‧韓康伯注，唐‧孔穎達正義：《周易正義》，卷 4，頁 93。
[27] 漢‧司馬遷撰，南朝宋‧裴駰集解，唐‧司馬貞索隱、張守節正義：《史記》，卷 47，頁 1937。
[28] 漢‧班固撰，唐‧顏師古注：《漢書》，卷 30，頁 1704。
[29] 見飯島忠夫：〈漢代の曆法より見たる左伝の偽作（第二回）〉，頁 181-210。新城新藏撰，沈璿譯：《東洋天文學史研究》，頁

語》記春秋時期歲在某次,始見於僖公五年,時間落在莊公二十三年超辰之後;昭公八年到十三年,則尚未到超辰的昭公十五年;而昭公三十二年在十五年的超辰之後,往後增一個歲次,便和設定在三十二年超辰的歲次相同。是以僖公五年、昭公三十二年雖非〈歲術〉所推的超辰年份,但完全無礙劉歆超辰周期與《左傳》、《國語》歲曆紀事相合的情形。此或因〈世經〉歲曆並非逐年紀歲,而是以事作譜。在紀年不連續的狀況下,劉歆得以選擇集合朔旦冬至、重耳出奔等特殊條件的僖公五年,作為春秋超辰起點,而不必拘於莊公二十三年。起點既定,經過每 144 年一超辰,終點自然落在昭公三十二年。其餘歲次,除非從上元「星紀」開始逐年排序,否則難以發現術、譜不合的事實。職是可知,雖然單就第三章驗算來說,劉歆每 144 年一超辰,得以貫通商湯伐桀到太初元年 1648 年的歲曆記錄;但在一般人不易察覺的前提下,劉歆並不太在乎〈歲術〉推算與〈世經〉歲曆於細節上沒有完全相應的瑕疵。

389。劉坦:《中國古代之星歲紀年》,頁 33-37。〈歲術〉「推歲所在」的算法,詳見第七章的說明。

七、武王伐紂歲曆論衡

　　《國語》、《左傳》中尚有一筆,也是最受後世矚目的歲曆材料,即《國語‧周語下》伶州鳩回答周景王的這一段話:

> 昔武王伐殷,歲在鶉火,月在天駟,日在析木之津,辰在斗柄,星在天黿。星與日辰之位,皆在北維。顓頊之所建也,帝嚳受之。我姬氏出自天黿,及析木者,有建星及牽牛焉,則我皇妣大姜之姪伯陵之後,逄公之所憑神也。歲之所在,則我有周之分野也,月之所在,辰馬農祥也。我太祖后稷之所經緯也,王欲合是五位三所而用之。自鶉及駟七列也,南北之揆七同也。凡人神以數合之,以聲昭之。數合聲和,然後可同也。故以七同其數,而以律和其聲,於是乎有七律。[1]

話中詳細記載武王伐紂的歲次與天象,為研究商周斷代的重要

---

[1] 周‧左丘明撰,吳‧韋昭注:《國語》,卷3,頁138。

資料,廣受後世學者徵引論證。[2]夏商周斷代工程首席科學家李學勤指出:「自西漢劉歆作〈世經〉以來,歷代學者多引為考論武王伐紂年代的依據。近年有些作品表示懷疑,以為伶州鳩杜撰或後人偽作,但未能提出確鑿理由。」[3]如今前文既已詳論《國語》、《左傳》的歲曆材料,全都符合劉歆每 144 年一超辰的錯誤周期,循此思路,可以回頭檢驗伶州鳩回答的正確性。

先看「月在天駟,日在析木之津,辰在斗柄,星在天黿」一句。〈世經〉解釋曰:

---

[2] 北京師範大學國學研究所編輯的《武王克商之年研究》,共收中外近現代相關論文 57 篇,並附「武王克商之年研究論著要目」,列出武王伐紂年代的 44 種異說。其後江曉原、鈕衛星據以作「武王克商之年各家研究評述一覽表」,評述《武王克商之年研究》的 57 篇論文,其中至少 12 家引用「歲在鶉火」為證。詳見北京師範大學國學研究所編:《武王克商之年研究》(北京:北京師範大學出版社,1997),頁 687-690。江曉原、鈕衛星:《回天——武王伐紂與天文歷史年代學》,頁 24-33。

[3] 李學勤:〈伶州鳩與武王伐殷天象〉,《夏商周年代學札記》(瀋陽:遼寧大學出版社,1999),頁 206。何炳棣曾從「缺乏邏輯的合理性」、「所述天象並非周初原始觀測的記錄」、「西周人尚不具備二十八宿和十二次的知識」三個面向加以質疑。見何炳棣:〈「夏商周斷代工程」基本思路質疑:古本《竹書紀年》史料價值的再認識〉,收入范毅軍、何漢威整理:《何炳棣思想制度史論》(臺北:聯經出版事業股份有限公司,2013),頁 107-154。

師初發,以殷十一月戊子,日在析木箕七度,故《傳》曰:「日在析木。」是夕也,月在房五度。房為天駟,故《傳》曰:「月在天駟。」後三日得周正月辛卯朔,合辰在斗前一度,斗柄也,故《傳》曰:「辰在斗柄。」明日壬辰,晨星始見。癸巳武王始發,丙午還師,戊午度于孟津。孟津去周九百里,師行三十里,故三十一日而度。明日己未冬至,晨星與婺女伏,歷建星及牽牛,至於婺女天黿之首,故《傳》曰:「星在天黿。」《周書・武成篇》:「惟一月壬辰,旁死霸,若翌日癸巳,武王乃朝步自周,于征伐紂。」序曰:「一月戊午,師度于孟津。」至庚申,二月朔日也。四日癸亥,至牧埜,夜陳,甲子昧爽而合矣。故《外傳》曰:「王以二月癸亥夜陳。」[4]

日月合辰方面,「殷十一月」即夏正十月,後三日所得的「周正月」即夏正十一月。前引《淮南子・天文》記一年日躔:「星,正月建營室,二月建奎、婁,三月建胃,四月建畢,五月建東井,六月建張,七月建翼,八月建亢,九月建房,十月建尾,十一月建牽牛,十二月建虛。」夏正十月之際,日原本

---

[4] 漢・班固撰,唐・顏師古注:《漢書》,卷 21 下,〈律曆志下〉,頁 1015。

就當運行至尾、箕二宿的「析木」，此所謂「日在析木」。《史記·天官書》：「房為府，曰天駟。」[5]劉次沅指出「月在天駟」既在「辰在斗柄」（朔）之前的兩三天，作為殘月只能在黎明前出現在東方低空。[6]據《白虎通·五行》：「陽舒陰急何法？法日行遲，月行疾也。」[7]三天之中，在日遲行箕宿期間，月已疾行房、心、尾、箕四宿；最終在周正月（夏十一月）辛卯朔，日、月合辰於斗、牽牛的「星紀」，是為「辰在斗柄」。

至於辰星位置，馬王堆帛書《五星占》記辰星運動云：「主正四時，春分效婁，夏至〔效東井〕，〔秋分〕效亢，冬至效牽牛。」[8]《淮南子·天文》：「辰星正四時，常以二月春分效奎、婁，以五月夏至效東井、輿鬼，以八月秋效角、

---

[5] 漢·司馬遷撰，南朝宋·裴駰集解，唐·司馬貞索隱、張守節正義：《史記》，卷27，頁1295。

[6] 因此，劉次沅以為言「是夕也，月在房五度」，而非黎明前，代表劉歆不在乎此天文常識，只是按照「是夕」推算月球位置。以上參見劉次沅：《從天再旦到武王伐紂——西周天文年代問題》（北京：世界圖書出版公司，2006），頁115。唐代一行重新疏解伶州鳩之語，便留意到這個問題，改作「晨初，月在房四度」。見宋·歐陽修、宋祁：《新唐書》，卷27上，〈曆志三上〉，頁604。

[7] 清·陳立：《白虎通疏證》（北京：中華書局，1997），上冊，卷4，頁197。

[8] 劉樂賢：《馬王堆天文書考釋》，頁51。

亢，以十一月冬至効斗、牽牛。」[9]《史記・天官書》：「察日辰之會，以治辰星之位。」張守節《正義》云：「常以二月春分見奎、婁，五月夏至見東井，八月秋分見角、亢，十一月冬至見牽牛。」[10]對比前引《淮南子》所記一年日躔軌道，辰星正與日同次。蓋水星與日最大距度不超過 28 度，永遠小於一辰度數，所以稱作「辰星」。[11]由「周正月辛卯朔」到「己未冬至」，正是從夏正十一月初一到二十九日。於此月中，辰星和日共同經歷斗、牽牛的「星紀」，即「歷建星及牽牛」。至「己未冬至」，已接近夏正十二月，根據「表 3」，夏正十一、十二月之際，〈歲術〉：「星紀，初斗十二度，中牽牛初，終於婺女七度」、「玄枵，初婺女八度，中危初，終於危十五度」，介乎「星紀」、「玄枵」之間，是以劉歆云：「至

---

[9] 劉文典：《淮南鴻烈集解》，上冊，卷 3，頁 93。

[10] 漢・司馬遷撰，南朝宋・裴駰集解，唐・司馬貞索隱、張守節正義：《史記》，卷 27，頁 1327。

[11] 見高平子：《史記天官書今註》，頁 52。陳遵媯：《中國天文學史》，中冊，頁 579。案，周天共十二辰，360÷12＝30，故每辰 30 度。《史記・天官書》司馬貞《索隱》云：「《元命包》曰：『北方辰星水，生物布其紀，故辰星理四時』。宋均曰：『辰星正四時之位，得與北辰同名也。』」陳鵬以為「辰星正四時」只有占星學意義，並不符合天文科學的事實。見漢・司馬遷撰，南朝宋・裴駰集解，唐・司馬貞索隱、張守節正義：《史記》，卷 27，頁 1327。陳鵬：〈「辰星正四時」暨辰星四仲躔宿分野考〉，《自然科學史研究》第 32 卷第 1 期（2013 年），頁 1-12。

於婺女天黿之首，故《傳》曰：『星在天黿』」，韋昭則逕言：「天黿，次名，一曰玄枵。從須女八度至危十五度為天黿」，[12]明確指出辰星已入「玄枵」。然而，誠如江曉原、鈕衛星所言：「水星很不容易被觀測到，哥白尼就將未觀測到水星引為終生憾事。」[13] 15、16 世紀的哥白尼已知有水星卻觀測不到；在武王伐紂時代，竟然可以如此清楚觀察到辰星運動路徑，然後世代相傳數百年至春秋周景王時期，簡直匪夷所思；還不如按照《五星占》、《淮南子》、〈天官書〉原理，只要知道日躔所在，便能找到辰星位置，來得容易。[14]綜前所述，整句「月在天駟，日在析木之津，辰在斗柄，星在天黿」，正同前面卜偃預言一樣，全都可用漢代天文知識推算而得。劉歆能詮釋得天衣無縫，自不在話下；更驚人的是，居然還能給出「日在析木箕七度」、「月在房五度」、「辰在斗前一度」、「歷建星及牽牛，至於婺女天黿之首」這種身臨其境

---

[12] 周・左丘明撰，吳・韋昭注：《國語》，卷3，頁139。
[13] 江曉原、鈕衛星：《回天——武王伐紂與天文歷史年代學》，頁136。
[14] 鈕衛星指出，由於辰星距日太近，常受陽光掩蓋，且觀測時間只能在日出、日落左右，更往往因地平高度，難以目視得見。據此，觀測辰星已經如此困難，還能描述「晨星與婺女伏，歷建星及牽牛」這種不見於天際的運行路徑，實在令人難以置信。鈕衛星：〈張子信之水星「應見不見」術及其可能來源〉，江曉原、鈕衛星：《天文西學東漸集》（上海：上海書店出版社，2001），頁 187-203。

的精準距度與行星軌跡。[15]若說伶州鳩的回答與劉歆的解釋不是出自一人之手,恐怕難以理解兩處材料的文獻關係。[16]

---

[15] 唐代一行計算的日、月、合辰、辰星度數,均與〈世經〉不同:「於歲差日在箕十度,則析木津也」、「晨初,月在房四度」、「日月會南斗一度」、「辰星夕見,在南斗二十度」。見宋‧歐陽修、宋祁:《新唐書》,卷27上,〈曆志三上〉,頁604。這就表示「月在天駟,日在析木之津,辰在斗柄,星在天黿」的天象在不同學者、不同計算方法下會有所出入。其原因誠如劉次沅指出,武王伐紂的日、月、合辰、辰星等天象都是不可能或很難直接看到的,顯然只是推算的結果。但當中唯一可信的獨立信息,就是「歲在鶉火」。參見劉次沅:《從天再旦到武王伐紂——西周天文年代問題》,頁111-123。

[16] 另外,伶州鳩:「我姬氏出自天黿,及析木者,有建星及牽牛焉,則我皇妣大姜之姪、伯陵之後,逄公之所憑神也。」韋昭注云:「天黿,即玄枵,齊之分野。周之皇妣王季母太姜者,逄伯陵之後,齊女也,故言出於天黿。」此以王季之母大姜、大姜之姪逄公等齊國、姜姓人物解釋武王伐紂天象,其典故正與前引《左傳‧昭公十年》裨竈曰:「今茲歲在顓頊之虛」云云,同出一轍。彼處言其薨於「戊子」日,此處言其登星憑神於「建星、牽牛」的「析木」。何幼琦指出,「逄伯陵」即《左傳‧昭公二十年》晏子提到的「有逄伯陵因之」的「逄伯陵」,乃姜太公尚未封齊前,齊地的土著夷族。太公封齊後,兩者是統治者與被統治者的關係,並非同族的叔姪宗親。見周‧左丘明撰,吳‧韋昭注:《國語》,卷3,頁139-140。晉‧杜預集解,唐‧孔穎達正義:《春秋左傳正義》,卷49,頁861。何幼琦:〈〈周語〉「鑄無射」章辨偽〉,《西周年代學論叢》(武漢:湖北人民出版社,1989),頁74-82。

終於可以來談「歲在鶉火」的問題了。〈世經〉云：

> 三統，上元至伐紂之歲，十四萬二千一百九歲，歲在鶉火張十三度。[17]

這裡給出「張十三度」，一如往常地準確。問題在於：「歲在鶉火」是怎麼得到的？〈歲術〉曰：

> 推歲所在，置上元以來，外所求年，盈歲數，除去之，不盈者以百四十五乘之，以百四十四為法，如法得一，名曰積次，不盈者名曰次餘。積次盈十二，除去之，不盈者名曰定次。數從星紀起，算盡之外，則所在次也。[18]

李銳釋曰：

> 以百四十四為年率，百四十五為次率，不盈者為年數，而今有之，得積次。凡千七百二十八年，歲星行百四十五周，以周天十二次乘之，得千七百四十次，則為千七

---

[17] 漢・班固撰，唐・顏師古注：《漢書》，卷 21 下，〈律曆志下〉，頁 1015。

[18] 漢・班固撰，唐・顏師古注：《漢書》，卷 21 下，〈律曆志下〉，頁 1004。

百二十八年，星行千七百四十次也。兩數求等，得十二，以約年數，得百四十四為年率，以約次數得百四十五為次率。歲星大率一歲移一辰，今百四十四年行百四十五次，是一歲行一次外又超一辰，計千七百二十八年超十二辰而一周也。[19]

由於劉歆每 144 年超辰一次，故歲星 144 年行 145 次，以周天十二次乘之，則 144×12＝1728 年行 145×12＝1740 次，1740－1728＝12，故 1728 年超辰 12 次，又回到開頭，此即前引〈紀母〉的歲星「歲數」，相對於 12 年一周天的歲星「小周」而言，可謂「大周」。以此法計算「上元至伐紂之歲，十四萬二千一百九歲」：

$$142109 \div 1728 = 82 \cdots\cdots 413$$

即從上元到伐紂之歲，共經歷過 82 次的歲星歲數「大周」，「數從星紀起」，所以「不盈者」的 413，又要回到「星紀」。「不盈者以百四十五乘之，以百四十四為法」：

$$413 \times 145 \div 144 = 415 \cdots\cdots 125$$

得「積次」415，「餘次」125。「積次盈十二，除去之，不盈

19　清・李銳：〈三統術注〉，《李氏遺書十一種》，卷中，頁 560。

者名曰定次」：

$$415 \div 12 = 34 \cdots\cdots 7$$

以「不盈者」7 定次，「數從星紀起」，經玄枵、諏訾、降婁、大梁、實沈、鶉首，正可得出武王伐紂「歲在鶉火」。「鶉火」共 31 度，取「餘次」$125 \div 144 \times 31 = 26.909$，進位得整數 27 度。前引〈歲術〉：「鶉火，初柳九度，中張三度，終於張十七度」、「柳十五。星七。張十八。」合算下來，歲星位置正是在「張十三度」。

眾所周知，中國古代曆法的曆元均是出自天文學家的預設。[20]誠如《後漢書‧律曆志中》曰：「建曆之本，必先立元。」[21]又云：「案曆法，《黃帝》、《顓頊》、《夏》、《殷》、《周》、《魯》，凡六家，各自有元。」[22]《後漢

---

[20] 陳遵媯表列先秦到清代 104 種曆法之曆元，像是《太初曆》以太初元年（104B.C.）丁丑為元等。見陳遵媯：《中國天文學史》，中冊，頁 1002-1070。案，第二章曾論元封七年「太歲在子」的算法，亦提到太初元年包含元封七年十到十二月，共 15 個月。因此，若以正月歲首為分界，將元封七年十到十二月算成前一年，時值「中冬十一月甲子朔旦冬至，日月在建星，太歲在子」；則太初元年十二月，歲星在「婺女、虛、危」的「玄枵」，便是「丁丑」年了。

[21] 南朝宋‧范曄撰，唐‧李賢注：《後漢書》，卷92，頁 3036。

[22] 南朝宋‧范曄撰，唐‧李賢注：《後漢書》，卷92，頁 3038。

書‧律曆志下》更臚列到《三統曆》為止的曆元:「故黃帝造曆,元起辛卯,而顓頊用乙卯,虞用戊午,夏用丙寅,殷用甲寅,周用丁巳,魯用庚子。漢興承秦,初用乙卯,至武帝元封,不與天合,乃會術士作《太初曆》,元以丁丑。王莽之際,劉歆作《三統》,追《太初》前卅一元,得五星會庚戌之歲,以為上元。」[23]關於《太初》、《三統》兩曆,案諸《後漢書‧律曆志中》載太史令虞恭、治曆宗訢等議:「太初元年歲在丁丑,上極其元,當在庚戌,而曰丙子,言百四十四歲超一辰,凡九百九十三超,歲有空行八十二周有奇,乃得丙子。」[24]錢大昕云:

> 三統術:上元至太初元年十四萬三千一百二十七歲,以百四十四除之,得九百九十三,餘百三十五,此為上元以來太歲超辰之數。以此數并入積歲,起丙子歲,至太初元年,復得丙子矣。東漢以後,術家不知太歲當超辰,但依六十之數,上溯太初,以為歲在丁丑,又以為上元當在庚戌,非《太初》本法也。[25]

---

[23] 南朝宋‧范曄撰,唐‧李賢注:《後漢書》,卷93,頁3082。
[24] 南朝宋‧范曄撰,唐‧李賢注:《後漢書》,卷92,頁3036。
[25] 清‧錢大昕:《廿二史考異》,上冊,卷13,頁240。

是以《後漢書・律曆志下》言「王莽之際,劉歆作《三統》,追《太初》前卅一元,得五星會庚戌之歲,以為上元」的曆元,實際上並非劉歆所推,而是東漢術家以未超辰的算法,從太初元年丁丑逆推而得;與〈歲術〉:「數從星紀起」,太歲在子的劉歆本法不同。按照上述武王伐紂之歲的算法,前引〈世經〉:「《漢曆》太初元年,距上元十四萬三千一百二十七歲」:

$$143127 \div 1728 = 82 \cdots\cdots 1431$$

即從上元到太初元年,共經歷過 82 次的歲星歲數「大周」,「數從星紀起」,所以「不盈者」的 1431,又要回到「星紀」。「不盈者以百四十五乘之,以百四十四為法」:

$$1431 \times 145 \div 144 = 1440 \cdots\cdots 135$$

得「積次」1440,「餘次」135。「積次盈十二,除去之,不盈者名曰定次」:

$$1440 \div 12 = 120$$

「數從星紀起」而無「不盈者」,於是太初元年又回到「歲在星紀」,太歲在「子」。「星紀」共 30 度,取「餘次」135÷144×30=28.125,進位得整數 29 度。據前引〈歲術〉:「星紀,初斗十二度,中牽牛初,終於婺女七度」、「斗二十六。

牛八。女十二。」合算下來,正與〈世經〉:「歲在星紀婺女六度」相符。其實,〈統母〉:「元法四千六百一十七。參統法,得元法。」²⁶取太初元年距上元的「十四萬三千一百二十七歲」除之:

$$143127 \div 4617 = 31$$

一元經過三統,又回到夜半朔旦冬至的甲子日,是為三統術陰陽合曆的最大周期。反過來說,正是以太初元年(元封七年)太歲在子的甲子夜半朔旦冬至為曆元,回推卅一元,經143127 年,再得太歲在子的甲子夜半朔旦冬至,是為上元。加總第三章驗算所引〈世經〉:「三統,上元至伐桀之歲,十四萬一千四百八十歲」、「自伐桀至武王伐紂,六百二十九歲」、「周凡三十六王,八百六十七歲」、「凡秦伯五世,四十九歲」、「著紀,高帝即位十二年」、「惠帝,著紀即位七年」、「高后,著紀即位八年」、「文帝,前十六年,後七年,著紀即位二十三年」、「景帝,前七年,中六年,後三年,著紀即位十六年」、「武帝建元、元光、元朔各六年」、「元狩、元鼎、元封各六年」,其積年共:

26　漢·班固撰,唐·顏師古注:《漢書》,卷 21 下,〈律曆志下〉,頁 991。

$$141480+629+867+49+12+7+8+23+16$$
$$+(6+6+6)+(6+6+6)=143127$$

即「《漢曆》太初元年，距上元十四萬三千一百二十七歲」，可知整部〈世經〉都以太初元年回推所得的上元為推曆起點。如今這 143127 年同時滿足三統術陰陽合曆的「元法」，以及歲曆每 144 年超辰一次錯誤周期的兩個曆算條件；於是乎在此卅一元中，不只武王伐紂「歲在鶉火」，乃至於〈世經〉所有歲曆紀年，除了以劉歆《三統曆》推算外，又如何能夠得到這個結果呢？

伶州鳩所言，是為了回答周景王「七律者何？」[27]的問題，其結論「自鶉及駟七列也。南北之揆七同也，凡人神以數合之，以聲昭之。數合聲和，然後可同也。故以七同其數，而以律和其聲，於是乎有七律。」反映出星曆與樂律合一的思想，這是在漢代以後才出現的觀念。徐復觀云：

> 黃鐘律的八十一分，與歷本無關係，亦即是天文與音樂，本無關係。史公雖參與改曆的工作，但他並不贊成落下閎的滲雜。所以《史記・律書》與〈歷書〉，分而為二，雖然此兩〈書〉已有後人的滲雜，非史公原書之

---

[27] 周・左丘明撰，吳・韋昭注：《國語》，卷3，頁138。

舊,但其不以音樂之律合歲時之曆,則甚為顯然。而《史記・歷書》所記者為四分曆,並非新改的《太初曆》,這是史公的卓識。落下閎把四分曆的八十分為一日之數,改為以八十一分為一日之數,不是出於實測推算的結果,而是出於要把音律組入在一起的,牽強傅會,對曆而言,不僅毫無意義,且是一種擾亂。……劉歆的《三統曆》,是順此趨向所完成的時曆與哲學,測候與理想的更進一步的大綜合系統。[28]

前引《漢書・律曆志上》:「乃詔遷用鄧平所造八十一分律曆,罷廢尤疏遠者十七家,……遂用鄧平曆。」《漢書・律曆志上》又言:「而閎運算轉曆。其法以律起曆,曰:『律容一龠,積八十一寸,則一日之分也。』」[29] 可知鄧平的曆法,通於落下閎的律法。在此以前的《黃帝曆》、《顓頊曆》、《夏曆》、《殷曆》、《周曆》、《魯曆》等古六曆,乃至於東漢章帝以後施行的《四分曆》,均採用四分術;這種「以律起曆」的八十一分律曆,前所未聞,創始於落下閎、鄧平。[30] 降

28	徐復觀:《兩漢思想史(第二卷)》(臺北:臺灣學生書局有限公司,1985),頁 490。
29	漢・班固撰,唐・顏師古注:《漢書》,卷 21 上,〈律曆志上〉,頁 975。
30	見張培瑜等撰:《中國古代曆法》,上冊,頁 327-335。能田忠亮

及劉歆,〈統母〉:「日法八十一。元始黃鐘初九自乘,一龠之數,得日法。」顏師古引孟康曰:「分一日為八十一分,為三統之本母也。」[31]是《三統曆》完全承襲落下閎、鄧平《太初曆》「以律起曆」所得的八十一分律曆,同樣為兩漢獨家曆法。由此回推的上元,亦是絕無僅有。[32]在此基礎上,劉美枝指出伶州鳩所解釋的七律,是武王伐紂天象中,相隔最遠「歲在鶉火」的「張十三度」到「月在天駟」的「房宿」之間,跨越張、翼、軫、角、亢、氐、房,共 7 個星宿,所謂「自鶉及駟七列也」。「星在天黿」,按韋昭釋作「玄枵」來看,和「歲在鶉火」相距,亦有鶉火、鶉尾、壽星、大火、析木、星紀、玄枵,共 7 個星次,此即「南北之揆七同也」。[33]是以伶

指出《史記·曆書》的〈曆術甲子篇〉屬四分曆,與鄧平的八十一分法不同。見能田忠亮:《漢書律曆志の研究》(京都:全國書房,1947),頁 14-19。

[31] 漢·班固撰,唐·顏師古注:《漢書》,卷 21 下,〈律曆志下〉,頁 991。

[32] 郜積意還原劉歆確定武王伐紂年數可能性的 4 個條件:其一為上元至太初元年的 143127 年,其二是據《史記》而得「759≦周代年數≦899」的年數範圍,其三、其四便是伶州鳩所說的「歲在鶉火」、「日在析木」等天象,成功證明距上元 142109 年是符合 4 個條件的唯一年數。這就表示,伶州鳩所言完全符合三統術所推。見郜積意:《兩漢經學的曆術背景》,頁 97-100。

[33] 參見劉美枝:〈試從漢代樂律思略論樂律與曆法之關係〉,《臺灣音樂研究》第 3 期(2006 年 10 月),頁 21-44。案,劉氏是根據韋

州鳩總結「故以七同其數，而以律和其聲，於是乎有七律」，不只需要具備《太初曆》、《三統曆》律曆合一的思想背景，更必須落實在漢代成熟的星宿、星次等天文知識上，這絕非武王伐紂的實錄，或春秋時期伶州鳩所能言語。總結來說，在理解劉歆三統術的八十一分律曆、「元法」推算的上元，以及144年超辰等獨特數值的前提下，與其說劉歆曆術可「驗之《春秋》」，勿寧說伶州鳩之言為劉歆竄入來得合理。[34]職是

昭注：「從張至房七列，合七宿，謂張、翼、軫、角、亢、氐、房也」、「歲在鶉火午，辰星在天黿子。……自午至子，其度七同也」立論。子、午辰位南北相對，故稱「南北之揆」。見周·左丘明撰，吳·韋昭注：《國語》，卷3，頁140-141。

[34] 倪德衛（David S. Nivison）亦從劉歆解說分析伶州鳩所言天象，發現兩者具有驚人的精確度，表明〈周語〉此段不可能是武王伐紂的實際記錄，當作於西元前1世紀（即劉歆時期）。見 David S. Nivison, "The Dates of Western Chou," (西周之年曆) *Harvard Journal of Asiatic Studies*, 43.2(1983), pp.481-580. 其後，倪氏再論伶州鳩所言天象，主張這些天象細節是西元前5世紀的早期計算出來的。見 David S. Nivison, "A New Analysis of the *Guoyu* Astrological Text," (《國語》天象文本新析) *The Nivison Annals: Selected Works of David S. Nivison on Early Chinese Chronology, Astronomy, and Historiography*, (Boston: De Gruyter 2018), pp.84-101. 如前所論，西元前5世紀即500B.C.-401B.C.，落在第三章所推的劉歆「隔次」區間：昭公三十二年（510B.C.）到周顯王三年（366B.C.）。據《史記·十二諸侯年表》，周景王在位時間是襄公二十九年（544B.C.）到昭公二十三年（519B.C.），屬於劉歆「隔兩次」區間。這就表

而論,《國語・周語下》的武王伐紂天象記錄,既非伶州鳩世任樂官,代代相傳,也不是從孟津之會開始記錄,正是劉歆據其三統術杜撰而成。[35]

示,倪氏所論相當於第三章提到新城新藏的研究成果。於是乎又回到兩種可能:一、伶州鳩所言天象為「隔次」區間的學者撰作。二、後世可按「隔次」天象(即《石氏》舊法)偽造歲星記錄,再插入到「隔兩次」區間。見漢・司馬遷撰,南朝宋・裴駰集解,唐・司馬貞索隱、張守節正義:《史記》,卷14,頁644-657。

[35] 由孟津之會開始記錄,是班大為(David W. Pankenier)的主張,見下文註38。此外,〈歲術〉:「嬴縮。《傳》曰:『歲棄其次而旅於明年之次,以害鳥帑,周楚惡之。』五星之嬴縮不是過也。過次者殃大,過舍者災小,不過者亡咎。次度。六物者,歲時日月星辰也。辰者,日月之會而建所指也。」張培瑜指出,此乃後世星占家引《左傳・襄公二十八年》裨竈之言的發揮,對於曆法來說,是一種添加。並提出兩種可能:一、劉歆所加,二、傳鈔者無意竄入。張氏認為若為前者,當逃不過班固、班昭、馬續的法眼。事實上,漢家「堯後火德」的德運與系譜,始見整合於班彪的〈王命論〉:「劉氏承堯之祚,氏族之世,著于《春秋》。唐據火德,而漢紹之。」誠如後文所論,漢為火德正是劉歆首創。班氏父子雖是史學大家,但亦完全服膺劉歆德運之說,而「嬴縮」之說正見於《三統曆譜》的〈歲術〉當中。在術、譜相應的狀況下,加上隗囂割據隴西的分裂局勢,班氏父子既信漢家「堯後火德」之說,〈世經〉又多見「越得歲而吳伐之,必受其凶」等預言,反而沒有理由特別挑剔當中的星占術,還是以劉歆所加的可能性較高。見漢・班固撰,唐・顏師古注:《漢書》,卷21下,〈律曆志下〉,頁1005;卷100,頁4208。張培瑜等撰:《中國古代曆法》,上冊,頁446-448。

補充說明，班大為（David W. Pankenier）根據《今本竹書紀年》記帝辛「三十二年，五星聚于房。」[36]推斷此一天象發生在西元前 1059 年 5 月 28 日，是為文王受命的天兆。12 年一周天的歲星，將在西元前 1047 年再入房宿，此即武王伐紂之年。黃一農指出「該年（1059B.C.）的 4 月 24 日至 6 月 7 日間，五星均可在日落後不久，同時見於地平之上，至 5 月 28 日時彼此甚至接近至不逾 6.5°，當時各星均在井、鬼附近，此與前引各文獻中所稱的『五星聚於房』，赤經相差達 8h！」[37] 班大為認為此一錯誤肇因於東井、輿鬼二宿的「鶉火」誤認成氐、房、心三宿的「大火」。不過，東井、輿鬼二宿並非「鶉火」，而是「鶉首」，班氏解說實在太過迂曲。[38]

---

36 王國維：《今本竹書紀年疏證》（臺北：藝文印書館，1974），卷上，頁 83。

37 黃一農：〈中國星占學上最吉的天象——「五星會聚」〉，《社會天文學史十講》，頁 49-71。

38 以上班氏的研究，見班大為（David W. Pankenier）撰，徐鳳先譯：〈從天象上推斷商周建立之年〉，《中國上古史實揭密——天文考古學研究》（上海：上海古籍出版社，2008），頁 3-59。其文云：「五星聚不是發生在房宿，即大火之次的中心，而是在東井和輿鬼兩宿的邊界間，接近鶉火之次的西邊緣。」不管就其描述文字，或所附星圖，既在「東井、輿鬼」之間，按〈歲術〉所分距度，就是「鶉首」，絕不能說是「接近鶉火之次的西邊緣」，否則劃分星次就沒意義了。此外，班大為又以為西元前 1047 年是孟津之會，武王因見歲星逆行所以退兵，到西元前 1046 年再次出征，是為牧野之戰。

對此,王國維早已疏通:「《文選·始出尚書省詩》注、〈褚淵碑〉注、〈安陸昭王碑〉注、《類聚》十、《御覽》五引《春秋元命苞》:『殷紂之時,五星聚于房。』」[39]證明此語乃出自緯書。案《呂氏春秋·應同》:

> 凡帝王者之將興也,天必先見祥乎下民。黃帝之時,天先見大螾大螻,黃帝曰:「土氣勝」,土氣勝,故其色尚黃,其事則土。及禹之時,天先見草木秋冬不殺,禹曰:「木氣勝」,木氣勝,故其色尚青,其事則木。及湯之時,天先見金刃生於水,湯曰:「金氣勝」,金氣勝,故其色尚白,其事則金。及文王之時,天先見火,赤鳥銜丹書集於周社,文王曰:「火氣勝」,火氣勝,故其色尚赤,其事則火。代火者必將水,天且先見水氣勝,水氣勝,故其色尚黑,其事則水。水氣至而不知,數備,將徙于土。[40]

《史記·封禪書》:

---

[39] 《今本竹書紀年》卷下亦有「孟春六旬,五緯聚房」,王國維云:「皆出《宋書·符瑞志》。」以上見王國維:《今本竹書紀年疏證》,卷上,頁83;卷下,頁88-89。

[40] 陳奇猷:《呂氏春秋校釋》,上冊,卷12,頁677。

秦始皇既并天下而帝，或曰：「黃帝得土德，黃龍地螾見。夏得木德，青龍止於郊，草木暢茂。殷得金德，銀自山溢。周得火德，有赤烏之符。今秦變周，水德之時。昔秦文公出獵，獲黑龍，此其水德之瑞。」[41]

在秦代以前，按照鄒衍的五德終始論，五行相勝，周德屬火。[42]高祖建漢至西漢晚期，漢家德運歷經水、土、火的轉變。[43]最終同樣定於〈世經〉：

太昊帝　《易》曰：「炮犧氏之王天下也。」言炮犧繼

---

[41] 漢‧司馬遷撰，南朝宋‧裴駰集解，唐‧司馬貞索隱、張守節正義：《史記》，卷 28，頁 1366。

[42] 其餘如《墨子‧非攻下》：「赤鳥銜珪，降周之岐社。」《春秋繁露‧同類相動》引《尚書大傳》：「周將興之時，有大赤烏銜穀之種，而集王屋之上者，武王喜，諸大夫皆喜。周公曰：『茂哉！茂哉！天之見此以勸之也。』」都反映周為火德的五行觀。清‧孫詒讓：《墨子閒詁》（北京：中華書局，2001），卷 5，頁 151-152。清‧蘇輿：《春秋繁露義證》（北京：中華書局，2002），卷 13，頁 361。

[43] 關於先秦兩漢五德終始論的成立與演變，詳見拙作：〈秦漢時期的終始論及其意義〉，《漢學研究集刊》第 4 期（2007 年 6 月），頁 65-86。拙作：〈西漢「堯後火德」說的成立〉，《漢學研究》第 29 卷第 3 期（2011 年 9 月），頁 1-27。拙作：《西漢郊廟禮制與儒學》（臺北：臺灣學生書局有限公司，2019），頁 201-262。

天而王,為百王先,首德始於木,故為帝太昊。

《祭典》曰:「共工氏伯九域。」言雖有水德,在火木之間,非其序也。任知刑以彊,故伯而不王。秦以水德,在周、漢木火之間。

炎帝　《易》曰:「炮犧氏沒,神農氏作。」言共工伯而不王,雖有水德,非其序也。以火承木,故為炎帝。教民耕農,故天下號曰神農氏。

黃帝　《易》曰:「神農氏沒,黃帝氏作。」火生土,故為土德。與炎帝之後戰於阪泉,遂王天下。始垂衣裳,有軒冕之服,故天下號曰軒轅氏。

少昊帝　考德曰少昊曰清。清者,黃帝之子清陽也,是其子孫名摯立。土生金,故為金德,天下號曰金天氏。

顓頊帝　《春秋外傳》曰,少昊之衰,九黎亂德,顓頊受之,乃命重黎。蒼林昌意之子也。金生水,故為水德。天下號曰高陽氏。

帝嚳　《春秋外傳》曰,顓頊之所建,帝嚳受之。清陽玄囂之孫也。水生木,故為木德。天下號曰高辛氏。

帝摯繼之,不知世數。

唐帝　《帝系》曰,帝嚳四妃,陳豐生帝堯,封於唐。蓋高辛氏衰,天下歸之。木生火,故為火德,天下號曰陶唐氏。

虞帝　《帝系》曰,顓頊生窮蟬,五世而生瞽叟,瞽叟生

帝舜，處虞之媯汭，堯嬗以天下。火生土，故為土德。

伯禹　《帝系》曰，顓頊五世而生鯀，鯀生禹，虞舜嬗以天下。土生金，故為金德。天下號曰夏后氏。

成湯　《書經·湯誓》湯伐夏桀。金生水，故為水德。天下號曰商，後曰殷。

武王　《書經·牧誓》武王伐商紂。水生木，故為木德。天下號曰周室。

秦昭王之五十一年也，秦始滅周。……凡秦伯五世，四十九歲。

漢高祖皇帝，著紀，伐秦繼周。木生火，故為火德。天下號曰漢。[44]

可整理成一表如下：

表9：〈世經〉朝代德運表

木	（水）	火	土	金	水
太昊炮犧氏	共工	炎帝神農氏	黃帝軒轅氏	少昊金天氏	顓頊高陽氏
帝嚳高辛氏	帝摯	唐堯	虞舜	夏	商
周	秦	漢			

---

[44] 漢·班固撰，唐·顏師古注：《漢書》，卷21下，〈律曆志下〉，頁1011-1023。

據「表9」,〈世經〉的終始論,改相勝為相生,以受命替代革命,消解高祖起義,代秦而立的難題。[45]配合漢為火德,於是周由火德改成木德。不過,〈世經〉中劉歆比較關注「大火,閼伯之星也,實紀商人」、「歲在鶉火,則我有周之分野也」,也就是星次與分野的配合,對於五行德運不甚厝意。但在確定這套德運規則後,便有為周代另找木德祥瑞的需求。《史記・天官書》:「東宮蒼龍,房、心。」[46]東方蒼龍屬木,《春秋元命苞》記「殷紂之時,五星聚於房」,正是在〈世經〉德運規則建立後方能出現的話語,亦符合緯書撰作時代。[47]倘若真

---

[45] 《史記・儒林列傳》:「清河王太傅轅固生者,齊人也。以治《詩》,孝景時為博士。與黃生爭論景帝前。黃生曰:『湯武非受命,乃弒也。』轅固生曰:『不然。夫桀紂虐亂,天下之心皆歸湯武,湯武與天下之心而誅桀紂,桀紂之民不為之使而歸湯武,湯武不得已而立,非受命為何?』黃生曰:『冠雖敝,必加於首;履雖新,必關於足。何者,上下之分也。今桀紂雖失道,然君上也;湯武雖聖,臣下也。夫主有失行,臣下不能正言匡過以尊天子,反因過而誅之,代立踐南面,非弒而何也?』轅固生曰:『必若所云,是高帝代秦即天子之位,非邪?』於是景帝曰:『食肉不食馬肝,不為不知味;言學者無言湯武受命,不為愚。』遂罷。是後學者莫敢明受命放殺者。」見漢・司馬遷撰,南朝宋・裴駰集解,唐・司馬貞索隱、張守節正義:《史記》,卷121,頁3122-3123。

[46] 漢・司馬遷撰,南朝宋・裴駰集解,唐・司馬貞索隱、張守節正義:《史記》,卷27,頁1295。

[47] 安居香山、中村璋八將緯書中漢為火德的相關材料,視作劉歆五行相生終始論的結果。特別是光武帝宣稱繼承西漢火德,對於確立東

如班大為所說,將「鶉火」誤認成「大火」,何不逕據前引《左傳》:「心為大火」,言「五星聚於心」更加直截了當?而今用「房」不用「心」,正是要避免「蒼龍木德」誤解成「大火火德」的疑慮。

討論至此,先秦兩漢文獻中所有武王伐紂的歲曆記錄,全都不能作為商周斷代的根據。特別聲明兩點:第一,所謂「歲曆記錄」,是專指完整具備「歲在某次」意義的記錄形態,亦即至少必須明確指出歲星位在哪個星次。像是《荀子・儒效》:「武王之誅紂也,行之日以兵忌,東面而迎太歲。」[48]《淮南子・兵略》:「武王伐紂,東面而迎歲。」[49]《尸子》:「武王伐紂,魚辛諫曰:『歲在北方,不北征。』武王不從。」[50]《新論・王霸》:「甲子,日月若連璧,五星若連珠。昧爽,武王朝至於南郊牧野,從天以討紂,故兵不血刃,

---

漢王朝來說具有重要意義。循是可證,《春秋元命苞》的「殷紂之時,五星聚於房」,亦是在此思想背景下的產物。見安居香山、中村璋八:《緯書集成》(石家莊:河北人民出版社,1994),上冊,〈解說〉,頁76。

[48] 清・王先謙:《荀子集解》(北京:中華書局,1997),上冊,卷4,頁134。

[49] 劉文典:《淮南鴻烈集解》,下冊,卷15,頁499。

[50] 周・尸佼撰,清・汪繼培輯:《尸子》,收入《叢書集成初編》(北京:中華書局,1991),第580冊,卷下,頁39。

而定天下。」[51]利簋銘文:「甲子朝歲鼎克聞夙有商。」[52]由於《荀子》、《淮南子》、《尸子》僅提歲星方位而無星次,《尸子》方位又異於其他兩書。《新論》未提歲星位置,「五星若連珠」的天象條件嚴苛,是否可與其他4條齊量並觀,尚待確認。利簋「歲鼎」一語釋文,猶有歲星當位、當空、中天等歧義,[53]甚至未必和歲星有關。[54]綜上所述,此 5 條資料因

---

[51] 漢・桓譚撰,朱謙之輯:《新輯本桓譚新論》,卷2,頁5。

[52] 臨潼縣文化館:〈陝西臨潼發現武王征商簋〉,《文物》1977年第8期,頁1-7。

[53] 張政烺以為是歲星正當其位。戚桂宴釋作歲星當空。黃懷信、李學勤、江曉原、鈕衛星、張培瑜、劉次沅、周曉陸等,以及夏商周斷代工程專家組主張是歲星中天。參見張政烺:〈《利簋》釋文〉,《考古》1978 第 1 期,頁 58-59。鍾鳳年、徐中舒、戚桂宴、趙誠、黃盛璋、王宇信:〈關於利簋銘文考釋的討論〉,《文物》1978 第6期,頁77-84。黃懷信:〈利簋銘文再認識〉,《歷史研究》1998 第 6 期,頁 3-5。李學勤:《夏商周年代學札記》,頁205。江曉原、鈕衛星:〈以天文學方法重現武王伐紂之年代及日程表〉,《科學》1999 第 5 期,頁 25-31。張培瑜:〈伐紂天象與歲鼎五星聚〉,《清華大學學報(哲學社會科學版)》2001 第 6 期,頁 42-56。劉次沅、周曉陸:〈武王伐紂天象解析〉,《中國科學(A 輯)》2001 第 6 期,頁 567-576。夏商周斷代工程專家組:《夏商周斷代工程1996-2000年階段成果報告・簡本》,頁44-45。夏商周斷代工程專家組:《夏商周斷代工程報告》,頁 161-163。

[54] 例如唐蘭釋作「奪鼎」,于省吾、趙誠、黃盛璋、王信宇、吳孫權等以為是「歲祭」或「歲貞」之義。參見唐蘭:〈西周時代最早的

判斷條件不足,故不置可否。[55]第二,此處只是否認先秦古籍歲曆記錄的證據性,並不排除利用當代天文知識或工具,推得吻合歲曆記錄的可能。畢竟在數學上,144 和 85.7 總是可以找到無限多個公倍數,偶爾相合,不足為奇。[56]問題關鍵在於:兩種超辰年數之間存在預設與實測的根本矛盾。

一件銅器利簋銘文解釋〉,《文物》1977 第 8 期,頁 8-9。于省吾:〈利簋銘文考釋〉,《文物》1977 第 8 期,頁 10-12。鍾鳳年、徐中舒、戚桂宴、趙誠、黃盛璋、王宇信:〈關於利簋銘文考釋的討論〉,《文物》1978 第 6 期,頁 77-84。吳孫權:〈《利簋》銘文新釋〉,《廈門大學學報(哲學社會科學版)》1995 年第 4 期,頁 13-18。

[55] 徐振韜、蔣窈窕還原上古天象,認為「五星若連珠」以西元前 1059 年 5 月 28 日五星聚興鬼最為理想,當天干支正是「甲子」。不過,徐、蔣兩氏綜合前述班大為,以及張鈺哲、張培瑜同時考察「歲在鶉火」等天象,認同二張以為征商之年還是西元前 1057 年比較合適的結論。如今「歲在鶉火」已失去證據效力,或許可以重新思考,在商周斷代課題上,文獻記錄和科學實證的關係。見徐振韜、蔣窈窕:《五星聚合與夏商周年代研究》(北京:世界圖書出版公司,2006),頁 76。

[56] 在求公倍數時,需先將 85.7 擴大倍數成為整數,得到公倍數後再縮小還原。由於 85.7×10=857,是為質數,和 144 的最小公倍數為兩數乘積,即 123408。意指兩套超辰年數的第一次相合,需要 12340.8 年,這已遠超出武王伐紂年代的可能範圍。

八、結語

　　本書從〈歲術〉、〈世經〉中的歲曆出發，發現劉歆推定每144年超辰一次，與現代天文實測差距過大開始，首先釐清了《石氏》、《甘氏》到《五星占》、《淮南子》、《太初曆》星法的轉變，實肇因於歲星超辰兩次的結果，藉此理解劉歆回推超辰的基本原理。接著在辨析出144年超辰的歲數，乃是劉歆聯貫《周易‧繫辭》、《尚書‧洪範》所得的曆法根據後；進而驗算〈世經〉所有歲曆記錄，證實這些記錄完全符合劉歆超辰的推算。這就表示，這些不合實測每85.7年一超辰的記錄，連同其引作證據的《國語》、《左傳》材料，全都有令人質疑的空間。在此基礎上，將問題導向《國語》、《左傳》歲曆紀事，並與親見《國語》、《左傳》的司馬遷《史記》進行比較，發現不僅《史記》，連同與劉歆一起奉詔校書的父親劉向，竟然完全沒有引用到這些歲曆材料，從而坐實劉逢祿「然《左氏》言年數，亦多歆所竄改，以傅會其《三統麻》者」的批評。

　　在此前提下，進一層探討劉歆選定僖公五年作為春秋144

年隔兩次區間開始的理由。正是以重耳出奔的 19 年為基準，再傅會《左傳・昭公元年》子產講述閼伯、實沈典故，杜撰出晉國初祖唐叔虞始封於歲在大火。當推次、典故疊合無誤，加上此年是春秋時期第一個朔旦冬至，僖公五年便成為隔兩次區間起始的最佳選擇。此處亦運用 Stellarium23.4 還原同年晉獻公伐虢的天象，釐析出童謠內容與卜偃解釋不相對應的牴牾。其次再討論《左傳・昭公九年》裨竈藉「陳災」以推「陳將復封」，「歲五及鶉火」而亡，這段詳盡的歲曆材料，為何不見〈世經〉引用的原因。正是由於裨竈所言，沒有考慮到超辰環節，與《三統曆》產生矛盾；卻又是劉歆用來證明八卦為河圖，〈洪範〉為雒書，河圖、雒書同出於天，天地之數與五行相生相成的關鍵論述。因此，劉歆雖竄入《左傳》，而不引於〈世經〉。由此亦疏理出劉歆從推說災異到《三統曆譜》運用歲曆的學術轉變。

最後回顧《國語・周語下》關於武王伐紂的天象記錄，發現日、月、合辰，甚至於不易觀測的辰星運動，都可以運用西漢天文知識的背景推演而出。再從〈歲術〉的推歲之法，驗算上元至武王伐紂的年數，果然不出所料，得到「歲在鶉火」。這種以劉歆自定曆元、獨特的八十一分律曆，以及每 144 年一超辰錯誤周期推算的結果，當然不能作為判斷武王伐紂年代的材料。擴而大之，連同《今本竹書紀年》的歲曆記錄，亦是緯書

在〈世經〉確立漢為火德、周為木德的前提下,才有可能出現的話語。於是所有古籍中關於商周時期的歲曆材料,全都不具備斷定武王伐紂年代的證據效力。

總結而言,身處西漢晚期的劉歆,在《石氏》以來歲星12年一周天的星法基礎上,增添每144年一超辰的自定周期,創造出獨一無二的歲星曆法。進而據此造作歲曆紀事及星占解說,廣布在《左傳》、《國語》、〈世經〉、《漢書·五行志》等文獻當中,形成完整歲曆紀年體系。這些文獻既有先秦古籍,又有其個人論著;於古籍中者,亦往往穿插幾處對話段落,而非偽造全書;必須互文參讀,方可窺其體系;導致後世真偽難分,虛實莫辨,無怪乎遭受公孫祿「顛倒五經,毀師法,令學士疑惑」[1]的批評。筆者有幸處於21世紀,考證《國語》、《左傳》中攙雜劉歆偽作手筆,無須再陷政治、學派立場的窠臼,單純進行實事求是、讓證據說話、以邏輯判斷的科學研究。平心而論,在兩千年前那個只有簡帛、刀筆的時代,沒有計算機,乃至於AI工具的幫忙下,劉歆居然能夠上下縱貫1648年歷史,不僅博通《周易》、《尚書》、《春秋》等經典,並跨越星象、曆算等天文學領域,堪稱千古難遇的奇

---

[1] 漢·班固撰,唐·顏師古注:《漢書》,卷69下,〈王莽傳下〉,頁4170。

才,不禁令人由衷嘆服。[2]

---

[2] 王翼勳進一步介紹劉歆《三統曆》的「超辰」和「日行率」概念,並與現代天文學計算結果進行比較,說明劉歆對密近簡化算法的掌握,肯定劉歆曆法數學上的開創性貢獻。見王翼勳:〈兩千年前的密近簡化計算〉,《數學傳播》第 39 卷第 2 期(2015 年 6 月),頁 61-74。

九、附錄

　　拙作《漢書五行志疏證》一書，指出凡是符合《春秋經》、《左氏傳》、「說曰」（或「劉歆以為」）的解經結構者，咸出於劉歆《春秋左氏傳章句》，因而輯得佚文共 18 條（包括「說曰」6 條）。[1] 經數年研讀，發現《漢書・五行志下之下》釋《左傳・昭公十七年》：「六月甲戌朔，日有食之」云：

　　《左氏傳》平子曰：「唯正月朔，慝未作，日有食之，於是乎天子不舉，伐鼓於社，諸侯用幣於社，伐鼓於朝，禮也。其餘則否。」太史曰：「在此月也，日過分而未至，三辰有災，百官降物，君不舉，避移時，樂奏鼓，祝用幣，史用辭，啬夫馳，庶人走，此月朔之謂也。當夏四月，是謂孟夏。」

　　說曰：正月謂周六月，夏四月，正陽純〈乾☰〉之月

---

[1] 見拙作：《漢書五行志疏證》，〈前言〉，頁 21-27。

也。愿謂陰爻也，冬至陽爻起初，故曰〈復☷〉。至建巳之月為純〈乾☰〉，亡陰爻，而陰侵陽，為災重，故伐鼓用幣，責陰之禮。降物，素服也。不舉，去樂也。避移時，避正堂，須時移災復也。嗇夫，掌幣吏。庶人，其徒役也。[2]

對比《後漢書・鄭興傳》記鄭興奏疏曰：

案《春秋》「昭公十七年夏六月甲戌朔，日有食之」。

《傳》曰：「日過分而未至，三辰有災，於是百官降物，君不舉，避移時，樂奏鼓，祝用幣，史用辭。」

今孟夏，純〈乾☰〉用事，陰氣未作，其災尤重。[3]

兩段詮釋同樣一段《春秋》經文，同樣根據《左傳》闡發經義，解說亦同樣援引孟喜卦氣理論，[4]其間差異，僅有繁簡、

---

[2] 漢・班固撰，唐・顏師古注：《漢書》，卷 27 下之下，頁 1495-1496。

[3] 南朝宋・范曄撰，唐・李賢注：《後漢書》，卷 36，頁 1221-1222。

[4] 這裡主要運用孟喜卦氣說的「十二消息卦」，其對應如下：

詳略的不同，兩者出自一人之手，殆無疑義。蓋〈五行志〉所引，為經學專論，故詳析其義；鄭興奏疏，側重條陳政見，則不妨檃栝其言。

循此考察鄭興師承，《漢書‧儒林傳》總結西漢《左傳》學曰：「由是言《左氏》者本之賈護、劉歆。」[5]再觀《後漢書‧鄭興傳》謂其學術淵源曰：「少學《公羊春秋》，晚善《左氏傳》，……天鳳中，將門人從劉歆講正大義，歆美興才，使撰《條例》、《章句》、《傳詁》，及校《三統曆》。」[6]又謂後漢「世言《左氏》者多祖於興。」[7]則《漢書‧五行志》所引6條「說曰」，或有出自鄭興所撰《左氏章句》者，惟其學亦可上溯至劉歆《左傳》經說。讀書不精，考證不周，因本書提及《漢書五行志疏證》，故附記於此，以誌

表 10：十二消息卦表

夏正	十一	十二	一	二	三	四	五	六	七	八	九	十
值卦	䷗	䷒	䷊	䷡	䷪	䷀	䷫	䷠	䷋	䷓	䷖	䷁
	復	臨	泰	大壯	夬	乾	姤	遯	否	觀	剝	坤
建月	子	丑	寅	卯	辰	巳	午	未	申	酉	戌	亥
周正	一	二	三	四	五	六	七	八	九	十	十一	十二

參見屈萬里：《先秦漢魏易例述評》（臺北：臺灣學生書局有限公司，1985），頁 78-98。

5　漢‧班固撰，唐‧顏師古注：《漢書》，卷 88，頁 3620。
6　南朝宋‧范曄撰，唐‧李賢注：《後漢書》，卷 36，頁 1217。
7　南朝宋‧范曄撰，唐‧李賢注：《後漢書》，卷 36，頁 1223。

吾過。

　　順道補充，新莽天鳳年號歷時 6 年（14-19），前文第六章提到莊公七年「星隕如雨」、僖公十六年「隕石于宋、六鶂退飛」、成公五年「梁山崩」等災異推說，在完成《三統曆》後添入，或許正是在鄭興從劉歆講正大義，劉歆使其撰校《左氏傳章句》、《三統曆》的天鳳年間。時距成帝綏和年間（8B.C.-7B.C.），超過 20 年，劉歆學術前後略變，再整體進行釐正，亦在情理之中。

徵引書目

傳統文獻

周・左丘明撰,吳・韋昭注:《國語》,臺北:漢京事業文化有限公司,1983。

周・尸佼撰,清・汪繼培輯:《尸子》,收入《叢書集成初編》,北京:中華書局,1991,第 580 冊。

舊題漢・孔安國傳,唐・孔穎達正義:《尚書正義》,臺北:藝文印書館,1997。

漢・司馬遷撰,南朝宋・裴駰集解,唐・司馬貞索隱、張守節正義:《史記》,北京:中華書局,1997。

漢・劉向撰,向宗魯校證:《說苑校證》,北京:中華書局,2003。

漢・劉向編撰:《古列女傳》,收入孫曉梅主編:《中國近現代女性學術叢刊・續編玖》,北京:線裝書局,2015,第 21 冊。

漢・桓譚撰,朱謙之輯:《新輯本桓譚新論》,北京:中華書局,2009。

漢・班固撰,唐・顏師古注:《漢書》,北京:中華書局,1997。

漢・許慎撰,清・段玉裁注:圈點段注《說文解字》,臺北:書銘出版事業有限公司,1997。

漢・何休解詁,唐・徐彥疏:《春秋公羊傳注疏》,臺北:藝文印書館,1997。

漢‧鄭玄注，唐‧孔穎達正義：《禮記正義》，臺北：藝文印書館，1997。
漢‧鄭玄注，唐‧賈公彥疏：《周禮注疏》，臺北：藝文印書館，1997。
魏‧王弼、晉‧韓康伯注，唐‧孔穎達正義：《周易正義》，臺北：藝文印書館，1997。
晉‧杜預集解，唐‧孔穎達正義：《春秋左傳正義》，臺北：藝文印書館，1997。
晉‧范甯集解，唐‧楊士勛疏：《春秋穀梁傳注疏》，臺北：藝文印書館，1997。
南朝宋‧范曄撰，唐‧李賢注：《後漢書》，北京：中華書局，1997。
南朝梁‧沈約：《宋書》，北京：中華書局，1997。
唐‧房玄齡等撰：《晉書》，北京：中華書局，1997。
宋‧歐陽修、宋祁：《新唐書》，北京：中華書局，1997。
清‧顧炎武撰，張京華校釋：《日知錄校釋》，長沙：岳麓書社，2011。
清‧陳厚耀撰，郜積意點校：《春秋長曆》，收入《春秋長曆二種》，北京：中華書局，2021。
清‧王鳴盛：《十七史商榷》，上海：上海書店出版社，2005。
清‧錢大昕：《十駕齋養新錄》，南京：江蘇古籍出版社，1997。
清‧錢大昕：《廿二史考異》，上海：上海古籍出版社，2004。
清‧錢大昕：《三統術衍》，收入《叢書集成三編》，臺北：新文豐出版股份有限公司，1997，第 29 冊。
清‧錢大昕：《潛研堂文集》，上海：上海古籍出版社，2012。
清‧王念孫：《讀書雜志》，臺北：樂天出版社，1974。

清・孫星衍：《問字堂集》，北京：中華書局，2006。
清・焦循：《春秋左傳補疏》，上海：上海古籍出版社，2017。
清・王引之：《經義述聞》，臺北：廣文書局有限公司，1979。
清・李銳：《李氏遺書十一種》，收入《續修四庫全書》，上海：上海古籍出版社，1995。
清・劉逢祿：《左氏廣膏肓》，《春秋公羊經何氏釋例》，收入《續修四庫全書》，上海：上海古籍出版社，1995，第 129 冊。
清・劉逢祿撰，顧頡剛點校：《左氏春秋考證》，收入林慶彰主編：《民國時期經學叢書》第二輯，臺中：文听閣圖書有限公司，2008，第 46 冊。
清・陳立：《白虎通疏證》，北京：中華書局，1997。
清・王先謙：《荀子集解》，北京：中華書局，1997。
清・王先謙：《莊子集解》，北京：中華書局，1999。
清・王先慎：《韓非子集解》，北京：中華書局，2003。
清・孫詒讓：《墨子閒詁》，北京：中華書局，2001。
清・蘇輿：《春秋繁露義證》，北京：中華書局，2002。

近人論著

于省吾：〈利簋銘文考釋〉，《文物》1977 年第 8 期，頁 10-12。
王國維：《今本竹書紀年疏證》，臺北：藝文印書館，1974。
王翼勳：〈兩千年前的密近簡化計算〉，《數學傳播》第 39 卷第 2 期（2015 年 6 月），頁 61-74。
北京師範大學國學研究所編：《武王克商之年研究》，北京：北京師範大學出版社，1997。

江曉原、鈕衛星：〈以天文學方法重現武王伐紂之年代及日程表〉，《科學》1999年第5期，頁25-31。

江曉原、鈕衛星：《回天——武王伐紂與天文歷史年代學》，上海：上海人民出版社，2000。

江曉原、鈕衛星：《天文西學東漸集》，上海：上海書店出版社，2001。

吳孫權：〈《利簋》銘文新釋〉，《廈門大學學報（哲學社會科學版）》1995年第4期，頁13-18。

何幼琦：《西周年代學論叢》，武漢：湖北人民出版社，1989。

何幼琦：〈西周時期的魯國紀年〉，收入朱鳳瀚、張榮明編：《西周諸王年代研究》，貴陽：貴州人民出版社，1998，頁224-228。

李學勤：《夏商周年代學札記》，瀋陽：遼寧大學出版社，1999。

屈萬里：《先秦漢魏易例述評》，臺北：臺灣學生書局有限公司，1985。

范毅軍、何漢威整理：《何炳棣思想制度史論》，臺北：聯經出版事業股份有限公司，2013。

高平子：《史記天官書今註》，臺北：中華叢書編審委員會，1965。

唐蘭：〈西周時代最早的一件銅器利簋銘文解釋〉，《文物》1977年第8期，頁8-9。

夏商周斷代工程專家組：《夏商周斷代工程1996-2000年階段成果報告·簡本》，北京：世界圖書出版公司，2001。

夏商周斷代工程專家組：《夏商周斷代工程報告》，北京：科學出版社，2022。

徐復觀：《兩漢思想史（第二卷）》，臺北：臺灣學生書局有限公

司，1985。

徐振韜、蔣窈窕：《五星聚合與夏商周年代研究》，北京：世界圖書出版公司，2006。

郜積意：〈齊詩「五際」說的「殷曆」背景──兼釋《漢書‧翼奉傳》中的六情占〉，《臺大文史哲學報》第68期（2008年5月），頁1-38。

郜積意：《兩漢經學的曆術背景》，北京：北京大學出版社，2013。

陶磊：《《淮南子‧天文》研究──從數術史的角度》，濟南：齊魯書社，2003。

陳久金：〈從馬王堆帛書《五星占》的出土試探我國古代的歲星紀年問題〉，《中國天文學史文集（第一集）》，北京：科學出版社，1978，頁48-65。

陳久金：《帛書及古典天文史料注析與研究》，臺北：萬卷樓圖書有限公司，2001。

陳久金：〈中國十二星次、二十八星宿名含義的系統解釋〉，《自然科學史研究》第31卷第4期（2012年），頁381-395。

陳奇猷：《呂氏春秋校釋》，臺北：華正書局有限公司，1988。

陳遵媯：《中國天文學史》，上海：上海人民出版社，2006。

陳鵬：〈「辰星正四時」暨辰星四仲躔宿分野考〉，《自然科學史研究》第32卷第1期（2013年），頁1-12。

陳侃理：〈秦漢的歲星與歲陰〉，北京大學歷史學系、北京大學中國古代史研究中心編：《祝總斌先生九十華誕頌壽論文集》，北京：中華書局，2020，頁50-83。

張政烺：〈《利簋》釋文〉，《考古》1978年第1期，頁58-59。

張嘉鳳、黃一農：〈天文對中國古代政治的影響：以漢相翟方進自殺為例〉，《清華學報》新第20卷第2期（1990年12月），

頁 361-378。
張培瑜：《中國先秦史曆表》，濟南：齊魯書社，1987。
張培瑜：《三千五百年曆日天象》，鄭州：河南教育出版社，1990。
張培瑜：〈伐紂天象與歲鼎五星聚〉，《清華大學學報（哲學社會科學版）》2001 年第 6 期，頁 42-56。
張培瑜等撰：《中國古代曆法》，北京：中國科學技術出版社，2007。
張書豪：〈秦漢時期的終始論及其意義〉，《漢學研究集刊》第 4 期（2007 年 6 月），頁 65-86。
張書豪：〈西漢「堯後火德」說的成立〉，《漢學研究》第 29 卷第 3 期（2011 年 9 月），頁 1-27。
張書豪：《漢書五行志疏證》，臺北：臺灣學生書局有限公司，2017。
張書豪：《西漢郊廟禮制與儒學》，臺北：臺灣學生書局有限公司，2019。
莊雅州：〈左傳天文史料析論（上）（下）〉，《中正中文學報年刊》第 3 期（2000 年 9 月），頁 115-163。
黃一農：〈星占、事應與偽造天象：以「熒惑守心」為例〉，《自然科學史研究》第 10 卷第 2 期（1991 年），頁 120-132。
黃一農：《社會天文學史十講》，上海：復旦大學出版社，2004。
黃懷信：〈利簋銘文再認識〉，《歷史研究》1998 年第 6 期，頁 3-5。
馮時：《中國天文考古學》，北京：社會科學文獻出版社，2001。
魯實先：《劉歆三統曆譜證舛》，臺北：國家長期發展科學委員會，1965。
錢寶琮：《錢寶琮科學史論文選集》，北京：科學出版社，1983。
錢穆：《兩漢經學今古文平議》，臺北：東大圖書股份有限公司，

1989。
錢穆：《先秦諸子繫年》，臺北：東大圖書股份有限公司，1999。
劉坦：《中國古代之星歲紀年》，北京：科學出版社，1957。
劉文典：《淮南鴻烈集解》，北京：中華書局，1997。
劉樂賢：《馬王堆天文書考釋》，廣州：中山大學出版社，2004。
劉美枝：〈試從漢代樂律思略論樂律與曆法之關係〉，《臺灣音樂研究》第3期（2006年10月），頁21-44。
劉次沅、周曉陸：〈武王伐紂天象解析〉，《中國科學（A輯）》2001年第6期，頁567-576。
劉次沅：《從天再旦到武王伐紂──西周天文年代問題》，北京：世界圖書出版公司，2006。
劉次沅、吳立旻：〈古代「熒惑守心」記錄再探〉，《自然科學史研究》第27卷第4期（2008年），頁507-520。
臨潼縣文化館：〈陝西臨潼發現武王征商簋〉，《文物》1977年第8期，頁1-7。
鍾鳳年、徐中舒、戚桂宴、趙誠、黃盛璋、王宇信：〈關於利簋銘文考釋的討論〉，《文物》1978年第6期，頁77-84。

安居香山、中村璋八：《緯書集成》，石家莊：河北人民出版社，1994。
能田忠亮：《漢書律曆志の研究》，京都：全國書房，1947。
飯島忠夫：〈漢代の曆法より見たる左伝の偽作（第一回）〉，《東洋學報》第2卷第1号（1912年1月），頁28-57。
飯島忠夫：〈漢代の曆法より見たる左伝の偽作（第二回）〉，《東洋學報》第2卷第2号（1912年5月），頁181-210。
飯島忠夫：〈再び左伝著作の時代を論ず〉，《東洋學報》第9卷

第 2 号（1919 年 6 月），頁 155-194。

飯島忠夫：〈支那天文学の成立について：新城博士の駁論に答える〉，《東洋學報》第 15 卷第 4 号（1926 年 8 月），頁 551-576。

飯島忠夫：《支那曆法起源考》，東京：第一書房，1979。

新城新藏撰，沈璿譯：《東洋天文學史研究》，上海：中華學藝社，1933。

David S. Nivison, "The Dates of Western Chou," (西周之年曆) *Harvard Journal of Asiatic Studies*, 43.2(1983), pp.481-580.

倪德衛（David S. Nivison）：〈《竹書紀年解謎》後記 Epilogue to *The Riddle of the Bamboo Annals*〉，《中國文化研究所學報》第 53 期（2011 年 7 月），頁 1-32。

David S. Nivison, *The Nivison Annals: Selected Works of David S. Nivison on Early Chinese Chronology, Astronomy, and Historiography*, Boston: De Gruyter 2018.

班大為（David W. Pankenier）撰，徐鳳先譯：《中國上古史實揭密——天文考古學研究》，上海：上海古籍出版社，2008。

李約瑟（Joseph Needham）原著，柯林・羅南（Colin A. Ronan）改編，上海交通大學科學史系譯：《中華科學文明史（第二卷）》，上海：上海人民出版社，2002。

廖育棟（Yuk Tung Liu）：「公曆和農曆日期對照」https://ytliu0.github.io/ChineseCalendar/index_chinese.html，搜尋日期：2024 年 5 月 5 日

Stellarium23.4：2023 年 12 月 23 日發表版本。

後　記

　　這部兔園冊子的緣起，純屬偶然。時值癸卯歲末，正進行西漢經學繫年工作，被史書曆法紀年，弄得暈頭轉向，不得不暫時宣告放棄，規劃海外旅遊放鬆。不料出發前夕內人閃到腰，無奈取消行程。為了照顧患者，整個寒假被迫窩在家中。百般無聊之餘，奮然投筆拍案：「古有文王囚羑里而演《易》，怎麼今天我書豪就不能家裡蹲而推曆？」索性徹底研究西漢歲曆。某種意義上，這算是以文言寫成的應用題，對於原本就數學苦手的我，可說是越級打怪。恰巧在想要搞懂歲星超辰原理時，讀到維基百科「歲星紀年」的介紹，發現劉歆每 144 年一超辰和實測 85.7 年，差距也未免太大，雖然身為文組，多少還是有些頭腦，成為開啟本書研究的契機。經此歷程，證悟到「說漸得頓，說頓得漸」的不定教義，繫年尚未完成，本書反倒搶先出版。又體認到「禍兮福之所倚，福兮禍之所伏」的大化自然，內人腰傷，或許是天地不仁的大仁德惠。

　　這部冊子得以完成，除了內人外，還有許多必須感謝對象：指導教授劉文起、陳麗桂老師自由開放的學風，讓我總是無拘無束，任選論題。特別是陳麗桂老師，對我「篤實」的過

譽，讓我明白：原來資質駑鈍經過轉念，也可以成為優點。面對文言應用題，只能靠此唯一長處，堅持到底。莊雅州老師慷慨贈序、陳廖安老師建議批評，諄諄善誘，啟迪後學，都使本書更臻完滿。林慶彰、林素英老師嚴謹勤勉的治學態度，自求學時期至今，影響深遠。廖育棟博士建置的古六曆網頁，中正大學的優美環境，系上同仁相互勉勵、體諒，呂育縈、林祐存、林詠融同學四處幫忙收集資料、細心校勘比對，學生書局陳蕙文小姐協助處理編輯庶務，父母疫情時「不要去人多地方」的叮嚀，都是這部冊子得以完成的重要因素。佛家說：「眾因緣生法」，只不過是躬逢際會，碰巧借我之手形諸文字罷了。是以本書若有任何貢獻，功勞都在前述師友大德；如有任何錯誤，責任當在執筆之人。叨叨絮語，不知所云，權充跋記，略誌其事。

歲次甲辰夏至張書豪 識於屏北歸來

國家圖書館出版品預行編目資料

曆數在爾躬：劉歆歲曆問題研究

張書豪著. – 初版. – 臺北市：臺灣學生，2024.09
面；公分

ISBN 978-957-15-1950-0 (平裝)

1. (漢)劉歆 2. 曆書 3. 曆法 4. 曆算學 5. 研究考訂

327.42　　　　　　　　　　　　　　113011399

曆數在爾躬：劉歆歲曆問題研究

著　作　者　張書豪
出　版　者　臺灣學生書局有限公司
發　行　人　楊雲龍
發　行　所　臺灣學生書局有限公司
地　　　址　臺北市和平東路一段 75 巷 11 號
劃　撥　帳　號　00024668
電　　　話　(02)23928185
傳　　　眞　(02)23928105
E - m a i l　student.book@msa.hinet.net
網　　　址　www.studentbook.com.tw
登記證字號　行政院新聞局局版北市業字第玖捌壹號
定　　　價　新臺幣二八〇元
出版日期　二〇二四年九月初版
I S B N　978-957-15-1950-0

32701　　　　　　有著作權・侵害必究